漫画学Python 快速提高

Comic Guide to Python Swift Mastery

[德] 斯蒂芬·埃尔特 / 著
刘玲玉 邓燕燕 / 译

北京理工大学出版社
BEIJING INSTITUTE OF TECHNOLOGY PRESS

图书在版编目（CIP）数据

漫画学 Python：快速提高 /（德）斯蒂芬· 埃尔特著；刘玲玉，邓燕燕译．—北京：北京理工大学出版社，2024.1

ISBN 978-7-5763-3359-6

Ⅰ．①漫…　Ⅱ．①斯…　②刘…　③邓…　Ⅲ．①软件工具－程序设计－通俗读物　Ⅳ．① TP311.561-49

中国国家版本馆 CIP 数据核字（2024）第 010944 号

北京市版权局著作权合同登记号　图字：01-2023-3171号

责任编辑：钟　博　　文案编辑：钟　博
责任校对：周瑞红　　责任印制：施胜娟

出版发行／北京理工大学出版社有限责任公司
社　　址／北京市丰台区四合庄路 6 号
邮　　编／100070
电　　话／（010）68944451（大众售后服务热线）
　　　　　（010）68912824（大众售后服务热线）
网　　址／ http：//www. bitpress. com. cn

版 印 次／ 2024 年 1 月第 1 版第 1 次印刷
印　　刷／三河市中晟雅豪印务有限公司
开　　本／ 889 mm × 1194 mm　1/16
印　　张／ 14
字　　数／ 379 千字
定　　价／ 89.00 元

献给Andrea、Alva和Felix

前言

薛定谔，你好！我可以这么称呼你吗？听说你想学习Python编程语言。

这个想法棒极了！

Python是一门特殊的语言。它是编程入门的绝佳之选。它的语法简单却强大，且极具表现力。

如果你愿意，我很乐意为你展示如何使用Python进行编程，更确切地说如何正确地使用Python进行编程。我不能向你展示Python的所有方面，因为Python的内容极其丰富，截至目前仍然存在许多有待开发的空间。

因此，我更倾向于向你展示如何写出一个正确的、真正的程序。我会重点突出实用性，而非只罗列你可能并不需要的功能和方法。

对了，我想我得先做个简单的自我介绍。我叫斯蒂芬，是一名程序开发员。40年前，我叔叔将第一代微型计算机交到我手上说："用它做些什么吧！"自此，我便开始了编程之旅。我想把Python推荐给你，这样你就可以用它设计出最为罕见、有趣、令人振奋的东西。

还有：

我和家人及我们的哈巴狗住在汉堡附近的一座小城里，我在一家大型出版社从事PHP、Java、JavaScript，还有Python的程序开发工作，我们拥有很棒的团队。

薛定谔凭着他的天资、恐猫症和他随意趿拉的鞋吸引了莱茵韦克出版社评审团的注意。这意味着他的一个心愿即将实现。

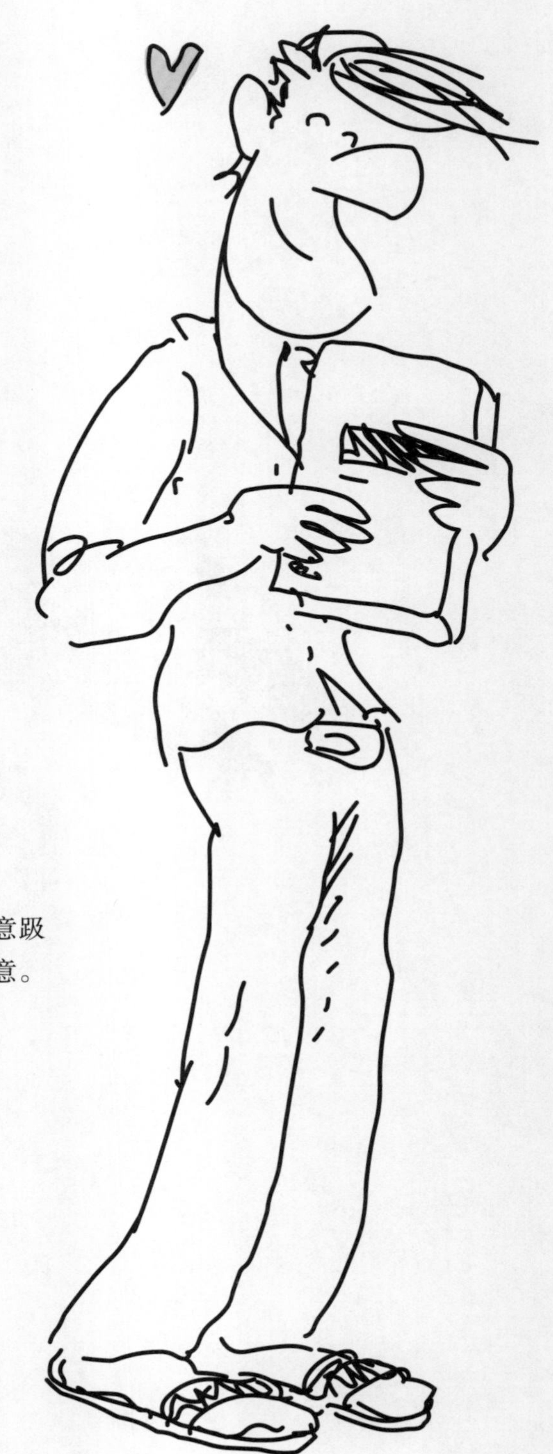

亲爱的读者朋友们！

是的，你选择了

Python！

无须我们敦促和力劝，你已做出明智之选。

Python棒极了。

或许你是第一次拿着弯刀挺进程序之林，又或许你已深陷其中，正试图寻找一种利器来帮你摆脱令人烦腻的藤蔓和纠缠不休的虫子（这里自然指各种漏洞）。那么，Python就是你的正确选择。

但首先你得安营扎寨。为了避免你独自在灌木丛里晕头转向、挥刀乱舞，我先来介绍我们的探险团队。首先是我们的探险队队长，本书的作者**斯蒂芬**，他对Python之林了如指掌。他会告诉你所有的捷径和生存技能，当然还有你成为Python大师所必须掌握的所有工具。

当然还有**薛定谔**。在探险过程中，他会一直伴你左右，即使他有时也会亲自操刀，但他绝不会代替你学习，因为如果这样，你就会错过丰富多彩的练习和图解，这太可惜了。但肯定的是，薛定谔会让你乐在其中，并且他已经准备好了一些聪明的小问题——或许恰好是你心存疑虑的那些。

本次探险由一个专家团队组成，他们虽然不能伴随你行进在丛林之中，但会留下一些有用的指示。例如代码会被标记为彩色，树干上会钉上路牌和箭头，藤蔓下会时不时悬挂着问题的解决方案，以此避免你过早地晕头转向。

好了，我们不耽误你的时间了。记得不要踩蛇！
希望你的Python之旅一切顺利！

薛定谔的办公室

必要的理论，
很多说明和提示

薛定谔的工作坊

许多代码将被添加、改进和修复

薛定谔的客厅

许多咖啡和练习，以及

应得的休息时间

作为一名独木舟运动员，在必要时阿尔穆特可以只用一把桨在激流中航行。这项技能注定了她将成为一名专业书籍编辑。

Almut Poll（阿尔穆特·珀尔），编辑

亚尼娜-“夏洛克”-布伦纳。图书制作需要侦探的推理能力和技巧。然而，同事们都禁止自己吸烟。

Janina Brönner（亚尼娜·布伦纳），出版商

在马库斯接手本书的文字工作前，我们已经排列好枝干整装待发了。剩余的就是小儿科了，对吧?

Markus Miller（马库斯·米勒）在慕尼黑工作、生活，是自由排版员、图片处理师和插画师，他在空闲时间也喜欢看书。

除了书籍设计，安德烈亚斯的第二个爱好是烹饪。无论如何，最主要的是罕见的，非常罕见!

即使在他的学生时代，里奥也喜欢在他最不了解的书上画满图画。

自从他发现在书上画画可以有报酬，他就再也不随便在书上画画了。

Andreas Tetzlaff（安德烈亚斯·泰茨拉夫）是科隆的一名自由图书设计师。他通常为艺术书籍出版商工作（与他的妻子一起创立probsteibooks.de），他做梦也不会想到，一本IT参考书会给他带来艺术上的挑战……

Leo Leowald（里奥·里奥瓦尔德）在科隆生活和工作，是一名自由插画师。他在《泰坦尼克号》《丛林世界》《reprodukt》等杂志上发表作品，并从2004年开始绘制网络漫画www.zwarwald.de。

帕特里西娅是一家动物保护机构的志愿者，从事狗狗寄养工作。不幸的是，她目前只能在RPG和奇幻小说中表演她最喜欢的动物。

Patricia Schiewald（帕特里西娅·希瓦尔德），编辑

安妮特是受过培训的考古学家，因此，这只是编辑工作的一小步，好处是：她总能在薛定谔公司找到一些东西。

Annette Lennartz（安妮特·雷恩阿兹特）是波恩的一名自由编辑。她总是为薛定谔打开一扇门。私下里，她欣赏口无遮拦的诡异故事，或修补花丝状的船舶模型。

校对：Annette Lennartz（安妮特·雷恩阿兹特）

托斯滕总是思索算法，特别是C++算法。他是计算机专业的研究生。他把书翻了个底朝天，有时和薛定谔争论不休。为了解开心中的困惑，他经常在空闲时摄影。

评审：Torsten T. Will（托斯滕·T.威尔）

费利克斯对程序的喜爱是与生俱来的，他使用程序逐一核查书中的代码。

代码核查：Felix Elter（费利克斯·埃尔特）

斯蒂芬喜欢和家人在蒂门多夫海滩消磨时光。另外，他也喜欢社交游戏和他的哈巴狗。好吧，一般人很难将这两个爱好联系到一块儿。

作者：Stephan Elter（斯蒂芬·埃尔特）

对于那些想明确知道的人

这本书是由无数的文章［其中包括来自Evert Ypma（埃弗特·伊普马）的WIMBY：谢谢你，埃弗特！］、大量的插图和其他怪异的人物组成的，让每个参与的人都很疯狂。

目 录

第一章 疯狂的模块

不只是标准库

第1页

第二章 类、对象和古希腊人

面向对象的编程

第31页

第三章　日期、时间和时间差

薛定谔的时间机器

第85页

第四章　数据、文件和文件夹的重要处理

终于板上钉钉了

第117页

第五章 随机数、矩阵和数组

一些实际用得上的算术

第147页

第六章 图形界面

按钮组件、GUI和布局管理器

第173页

第一章

不只是标准库

疯狂的模块

借助模块重复使用程序代码很容易。正因为它运行起来简单，所以存在大量现成的模块。模块具体是什么呢？为什么它这么奇妙？答案马上揭晓！

你说，

如果后面还想再次使用函数，

该怎么做呢？

你是指《漫画学Python：简单入门》第五章字符串那一节，关于更改文件名的函数kurzer_dateiname()？

没错！

我怎么将它存储起来以备不时之需呢？

复制粘贴不是最佳方案吧？

你说得没错。最好以模块形式写入Python。

模块？

是的。对代码进行简单、有效的重复使用是一个巨大的挑战。虽然程序中有合适的代码，但难以置信的是，有多达几千条命令行需要重新编写。这些代码通常潜藏在大程序中。没有人有精力从中查找合适的代码进行复制，然后进行调试，最后重新利用。

Python对这一问题的处理方式很独特——用程序代码来处理程序代码，以此编写通用的模块。

模块可以是任意长短的程序代码，它在单独的文件中进行编写，在经过调试后能更好地在其他位置使用。这样代码就可以在任何时候被重新利用。非常好用！

怎么制作这样一个模块呢？

和往常一样：在Python中很容易实现！提取代码，将其存储在一个单独的文件里。这样就可以随时在其他Python程序中调用该文件。

假设编写了一个自定义函数：

```
def mal10(wert):
    ergebnis = wert * 10
    return ergebnis
```

当然这只是一个非常简单的例子，用于代表更为复杂的函数。

【便笺】
你想直接使用《漫画学Python：简单入门》第五章字符串那一节的自定义函数kurzer_dateiname()来执行此操作。因为模块的功能有很多，所以我们先来看一个简单的例子。

将该文件存储在spam.py下。这样模块spam就制作完成了！

就这些？现在Python怎么找到我的模块呢？

如果你想在程序中使用该模块，则必须用import命令进行调用。这样Python就能对应到相应的模块：

```
import spam
```

这里import的只有文件名本身——没有文件扩展名。

【便笺】
通常在程序的开头写入所有的import命令（可以调用任意多的模块）。

先假设所有的文件都在同一个文件夹中。如何访问位于其他位置的模块呢？

我们先将函数kurzer_dateiname()写成模块再来回答。你不会将所有内容存储在一个文件夹里，而是希望（也理应）使用位于任何位置的文件夹。

通过调用可以访问模块中的所有内容，即所有函数和所有全局变量。和往常一样，你不能访问函数中的变量，因为它们脱离函数就不存在了。

出于安全考虑，为了避免混淆，在使用模块中的函数和变量时必须指定模块的名称：

*1首先指定被调用模块的名称（因为不预先调用是行不通的）。

```
ergebnis = spam*1.mal10(1)*2
print(spam.mal10(42))*3
```

*2以点号分隔，和往常一样，在点号后正常写入函数调用。

*3无论怎样使用程序里的函数都可以，你可以对变量的返回值进行赋值，也可以和这里一样直接在print()函数中使用函数。

【注意】

当然，你需要时刻保持正确的书写：Spam和spAm或者spam是完全不同的模块。

但是这怎么会混淆呢？

我本来就不使用重复的名称呀？

因为总有一些名称“魅力”十足，让你时时刻刻都想使用它。例如一些概括性的名称，如info、ergebnis或者berechnung，很有可能同时出现在模块和你的程序中。另外，你随时都可能面对大量模块，而你不可能总能辨别已经使用过的名称，更不要说还有Python的自带模块和其他的可用模块。

因此，每个模块都在各自的命名空间里！

命名空间？

程序越大，越有可能出现变量或函数名重复的现象。因此，很多程序语言都引用了命名空间，即Namespaces。

想象一下街道名：在德国，许多城市都有名为“火车站路”“乡路”或者“席勒路”的街道。尽管如此，邮件和包裹也能被顺利送达目的地！这是因为地址上还有邮编和地名。这就是命名空间！城市里的每条街道都属于这个命名空间。即使有5 000（！）条名为“火车站路”的街道，通过定义精确的命名空间，也就是地址描述，所有人也都能到达正确的那一条。

命名空间甚至可以任意扩展。例子中的地址还可以从国名开始显示。你的地址实际上就像一个命名空间：

德国——汉堡——火车站路——42号

因此，每个人都能找到你——多亏了命名空间，薛定谔！在我们的示例中，命名空间简单明了：spam。

函数ma110()在命名空间spam中，命名空间可以起到和邮寄地址一样的作用：

*1 这里是地名。

```
spam*1.mall0*2(x)
```

*2 这是路名。

Python之禅说得不无道理：

“命名空间是一个绝妙的主意，我们要多多利用它。”

通过文档字符串和help快速获取信息

这还不是全部！只在模块中编写一个函数太简单了，Python还提供了更多功能。

例如，可以和函数一样，在模块的开头编写一个文档字符串，用来介绍模块。你大可放心地进行简述，不必解释每个变量和函数，因为help()函数已经为你做好了！

输入help(spam)，可以自动获取大量信息：所有全局变量和函数，甚至包括函数的所有参数。

为模块设置两个文档字符串，一个用于模块，一个用于函数。对了，再添加一个任意的变量：

```
"""Dies ist ein Modul zum Ausprobieren."""*1
irgendein_interner_wert = 42*2
def mal10(wert):
    '''Diese Funktion nimmt einen Wert mal 10.'''*3
    ergebnis = wert * 10
    return ergebnis
```

*1这是用于模块的文档字符串。它位于程序的开始部分。

*2这个全局变量并不在模块中使用，我们只看它如何在help()函数中被描述。你可以进一步记录该变量，但它不再被help关注。

*3 给函数单独分配了一个文档字符串。这里也进行了精简。

当然你必须将所有这些重新存储在文件spam.py中，这样你的模块就更新到了最新的状态。

我们来看，系统中导入模块spam后会输出什么：

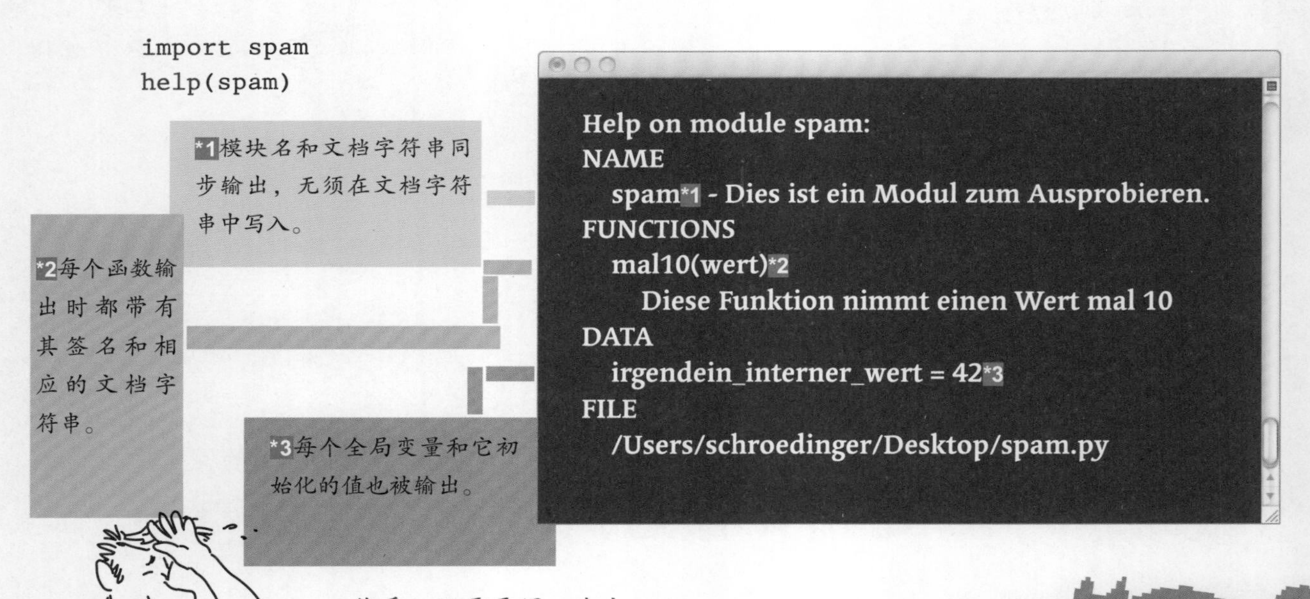

你看：不需要写一个大文档，用help()函数就能弄清一个模块有哪些内容，这些内容分别由名称、函数、数据和数据描述组成。

【注意】

显而易见，文档字符串和有效的名称对于变量、函数和函数参数多么重要！

名为dateiname的模块

一条名叫旺达的鱼

这样，薛定谔。

现在轮到你来编写你的第一个模块了。

【简单的任务】

利用函数kurzer_dateiname()编写一个模块。为模块和函数编写文档字符串。

很快就找出函数，编写相应的文档字符串。

好快！

```
'''Modul, um Dateinamen umzubenennen'''*1
def kurzer_dateiname(datei_name):
   '''Der übergebene Dateiname wird gekürzt, ein
   neuer Dateiname zurückgegeben. Entspricht der
   Name nicht dem Muster, wird False zurückgegeben.'''*2
   anfang = datei_name[0:6]
   ende = datei_name[-3:]
   trenner = datei_name.index('-')
   zahlen = datei_name[trenner+1: trenner+3]
   if anfang.isalpha() and ende.isalpha() and zahlen.isnumeric():
      neuer_name = anfang + zahlen + '.' + ende
      neuer_name = neuer_name.lower()
      return neuer_name
   else:
      return False
```

*1第一个用于模块的文档字符串，在程序开头。

*2这里长一些的是函数的文档字符串。

一只名叫贝多芬的狗

【搞定！】

仍然将其存储在名为dateiname.py的文件中，模块dateiname就完成了！

一头名叫芭比的猪

你可以试着在其他文件中调用模块，然后用help()函数输出所有信息，并尝试用函数对名称进行缩减。

```
import dateiname
help(dateiname)
testName = 'Grabung-42-Ebene1.JPG'
print(dateiname.kurzer_dateiname(testName))
```

由help()函数输出的内容非常长。结尾处新生成的文件名已经缩短了。

```
Help on module dateiname:
NAME
   dateiname – Modul, um Dateinamen umzubenennen
FUNCTIONS
   kurzer_dateiname(datei_name)
      Der übergebene Da teiname wird gekürzt, ein
      neuer Dateiname zurückgegeben. Entspricht der
      Name nicht dem Muster, wird False zurückgegeben.
FILE
   /Desktop/dateiname.py
grabun42.jpg
```

如果你得到的输出结果和上面显示的差不多，那么恭喜你完成了第一个模块！

当然，你可以随时扩展模块。想象一下，如果文件名有特定的符号，那么不同的数据类型或者不同的规则就对应不同的函数。无论你怎么在模块中操作，它在模块中仍然保持清晰、分明！

模块仍然是程序

一个模块并不一定要用import命令和其他程序建立连接。和往常一样，它是一个真实的Python程序，可以直接调用。

模块的作用到底是什么呢？

编写模块时，一方面可以直接调用它，例如可以用input()函数输入文件名进行测试；另一方面可以继续将它作为模块使用，同时在其他程序中使用该功能。

【便笺】
一个模块可以这样编写，根据调用的方式做出不同的响应——直接作为程序或者作为模块！

听起来很有趣！
怎么操作呢？

Python有一个名为__name__的特殊系统变量（两侧各带两个下划线）。如果在外部，模块仍然作为模块，那么变量则将模块名称作值，在案例中是dateiname，或者下面例子中的spam。如果模块直接作为Python程序调用，那么系统变量的值为__main__。这样很容易就能建立一个命令来响应对程序或模块的调用。

spam模块看起来是这样的：

```
def mal10(wert):*1
    ergebnis = wert * 10
    return ergebnis

if __name__ == '__main__':*2
    print("Ich wurde direkt aufgerufen")
    zu_pruefen = input("Zahl?")
    print(mal10(int(zu_pruefen)))*3
else:
    print(f"Ich wurde als Modul {__name__} eingebunden")*4
```

*1 首先定义函数。这里因为空间限制省略了文档字符串。

*2 这里对系统变量的值进行检测。如果值是'__main__'，则将该程序作为主程序执行，即main()。在作为模块调用时生成的值为模块名。

*3 这里进行输入，将值立即转换为int，同时调用自定义函数，再输出值——结束。

*4 在作为模块调用时直接用print()函数输出。

直接调用程序，输出如下：

```
Ich wurde direkt aufgerufen
Zahl?42
420
```

一旦产生输出，就需要进行输入，最后输出结果。

我们将该程序作为模块在其他程序中进行调用：

```
import spam*1
ergebnis = spam.mal10(42)*3
print(ergebnis)
```

*1 当然需要一个import命令，这样就能在下一行对模块中的函数进行调用。

*2 这里else中产生输出，直接从模块中产生！

```
Ich wurde als Modul spam eingebunden*2
420*3
```

*3 然后进行计算，用print()函数输出结果。

你没发现有什么异样吗，薛定谔？

呃，确实！你具体指哪里呢？

在import模块时，模块中的代码会立即执行！

程序或模块主要部分中的所有内容会直接在import模块时执行！如果模块中只有函数，那么它不会显现，因为必须指定函数进行调用。

哦，是的！
我刚也发现了！

看一下程序的运行流程。先简单修改一下程序，也就是模块spam，然后再次调用——一次直接调用，一次作为模块从其他程序中调用：

```
def mal10(wert):
    ergebnis = wert * 10
    return ergebnis
print(f"{__name__} gestartet...")
if __name__ == '__main__':
    print("...als eigenständiges Programm")
else:
    print("...als Modul.")
print(f"{__name__} ist beendet!")
```

当直接打开程序时，输出是这样的：

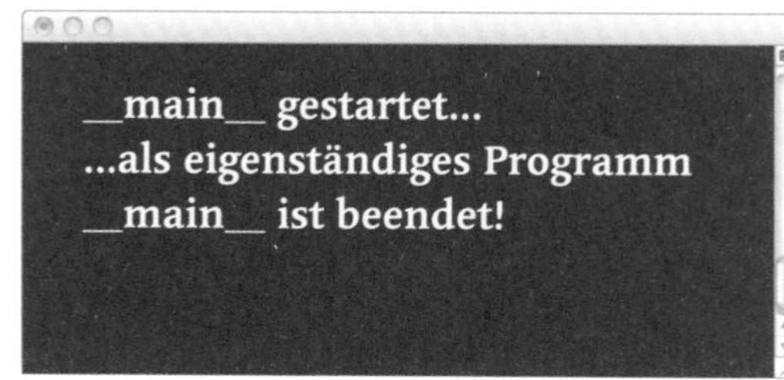

和预期一样，程序从开始执行到结束。这里函数mal10()不被调用，这也是没有问题的。

有趣的是通过其他程序调用模块：
我们在调用程序的import命令前后分别设置输出，同时调用函数mal10()——在import命令后。

当然，在import命令前函数还不存在。

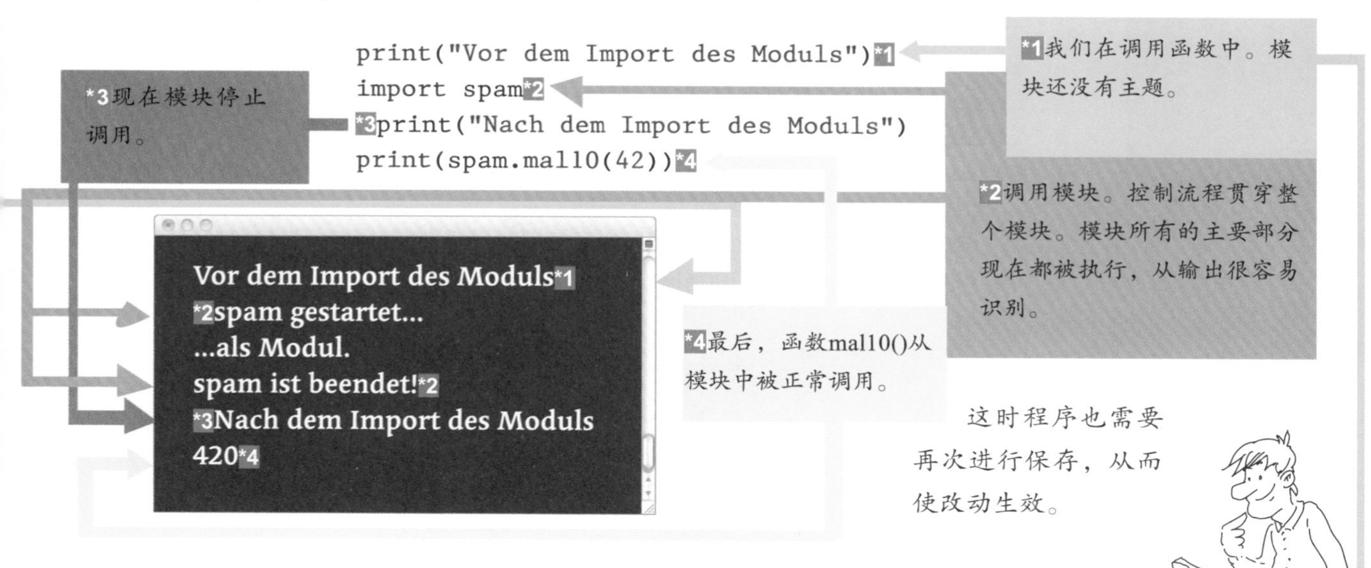

这时程序也需要再次进行保存，从而使改动生效。

import命令不仅负责模块的函数可以在程序中使用。事实上，在import命令的位置，模块似乎被插入，它的程序代码也在这里被执行！

现在轮到你了，薛定谔。

用于直接检测的重复模块

【简单的任务】

现在编写一个模块，使现有的模块dateiname（作为独立程序）也能直接被调用。应当进行输入，输入的文件名应当负责执行函数。模块的功能保持原样。

这个我会！之前的模块只需要由if语句进行扩展。

如果模块直接被调用，应当进行输入，通过输入的值调用函数，最后输出结果。

```
'''Modul, um Dateinamen umzubenennen'''
def kurzer_dateiname(datei_name):*1
    '''Der übergebene Dateiname wird gekürzt, ein
    neuer Dateiname zurückgegeben. Entspricht der
    Name nicht dem Muster, wird False zurückgegeben.'''
    anfang = datei_name[0:6]
    ende = datei_name[-3:]
    trenner = datei_name.index('-')
    zahlen = datei_name[trenner+1: trenner+3]
    if anfang.isalpha() and ende.isalpha() and zahlen.isnumeric():
        neuer_name = anfang + zahlen + '.' + ende
        neuer_name = neuer_name.lower()
        return neuer_name
    else:
        return False

if __name__ == '__main__':*2
    zu_testender_name = input("Zu testender Dateiname: ")
    print(kurzer_dateiname(zu_testender_name))*3
```

*1 函数和文档字符串保持不变。

*2 只增加了if语句。如果程序直接被调用……

*3 ……将会询问文件名，然后输入的名称会传递给函数。接着输出结果：

带有测试输入的答案看起来就是这样的。你现在可以直接启动你的程序或模块，并使用一个文件名进行测试。作为模块在其他文件中的调用保持不变。

```
Zu testender Dateiname: Tempelpalast-12.jpg
tempel12.jpg
```

试一试吧！

强大且多样——在模块中（不只是）的全局变量

你也看到了，写一个模块并执行其中的函数有多简单。这同样也适用于模块中的全局变量。

有全局变量是什么样呢？

非常简单，薛定谔：

在最高层级（不在函数内）声明或者初始化的变量就是全局变量。你可以随时读取全局变量，甚至在函数中读取。

但是，如果你给函数中的全局变量赋一个新的值，那么Python就会生成一个新的变量，它拥有和全局变量一样的变量名，但是它只在函数中以独立变量的形式存在。离开函数这个新变量就消失了，有相同名称的全局变量仍然带着它的原始值。

这是一种安全机制，为了防止全局变量由于失误在深层级的函数中（以相同的名称）被重复写入。尽管如此，你也能在函数中（没有风险的）访问和使用全局变量。

事实上，如果你想要在函数中修改全局变量，则必须将变量在函数中标记为全局变量——用global命令。

我们来看模块中的变量：

当然，也可以从外部获取模块中的全局变量。这项操作非常有意义，特别是可以对模块的状态进行操控。

我们来看一下：现在编写一个新的模块，（全局）变量也在其中发挥了一定的作用。新的模块有一个好听的名字：eggs。

我们用新模块来看如何获取模块中的全局变量，以及怎样才能介入模块和其中的计算。

【注意】
当然，函数中的变量（和往常一样）无法获取，因为它们只在函数被调用的短暂时刻存在。

模块的核心元素应是函数wert_mal_faktor()。

被传递的值将和一个固定的faktor相乘，和在模块spam中类似，只不过用于乘法的不是固定的值10，而是模块中的一个变量。

乘积从函数中返回，单独存储在变量letztes_ergebnis中。与此同时，模块中还有一个全局变量。这有什么好处？这个变量可以随时在模块外被调用并且总是提供最新的结果，从而无须重新调用函数。

如下所示：

```
faktor = 10*1
letztes_ergebnis = None*2
def wert_mal_faktor(wert):*3
    global letztes_ergebnis*4
    letztes_ergebnis = wert * faktor*5
    return letztes_ergebnis
```

*1定义一个变量来表示faktor，用数值10进行初始化。该变量可以在模块外访问并修改。

*2每次希望保持最新的结果，因此初始化一个新的变量，并为其赋予初始值None。

*3 函数获取了一个值。

*4为了使函数中的变量letztes_ergebnis也能被修改，用global命令确定全局变量应当被修改。如果不用global命令，则将通过赋值产生一个新的临时变量，它在离开函数后便消失了。

*5将被传递的值和变量faktor相乘，将结果存储在变量letztes_ergebnis中——就在全局变量里。

变量faktor在函数中不需要被声明为全局变量，而只是被读取。

在函数中用于计算的faktor的值可以在模块外修改。用变量letztes_ergebnis也可以反复查询函数的最新结果。

【便笺】

实际上程序运行是持续性的。重新启动后，所有的变量都回归到了初始的状态，和被写入时一样。

【注意】

别忘了将新模块存储在eggs.py下。

我们来看实际的案例。调用函数的名称不重要，你可以自由选择。

```
import eggs*1
print(eggs.wert_mal_faktor(7))*2
print(eggs.faktor)*3
eggs.faktor = 20*4
print(eggs.wert_mal_faktor(7))*5
print(eggs.letztes_ergebnis)*6
```

*1 import命令——显然，我们需要它。

*2 给定的数值7通过函数wert_mal_faktor()和egg.faktor的值相乘。

*3 当然也可以输出faktor，保持和Modulname.Variablename相同的语法形式。

*4 同样可以给模块的变量赋一个新值，这里是数值20。

```
70*2
10*3
140*5
140*6
```

*5 当然它会对函数产生影响，这从新的调用结果中很容易看出。

*6 通过访问模块变量eggs.letztes_ergebnis，可以在没有进一步计算的情况下随时输出计算的结果。

你看，借助模块中的变量可以编写更加灵活的模块。你在调用函数和传递参数方面并不会受到限制。

【注意】

如果因为输入错误写成了eggs.traktor = 20，系统也不会报错。Python猜测你想要在有效的命名空间eggs中设置一个新的变量。

如果直接对变量赋值，则需要时刻留意自己做了什么。如果你给变量赋不匹配的值（如用字符串替代数字），则必然会导致出错。

我可以做些什么呢？

可以在模块中编写自定义函数，从而可以对它的值进行修改。在这个函数中很容易检查和控制是否输入了一个有效的值！

现在轮到你了：

dateiname()方法——更加灵活

薛定谔，需要立即对模块dateiname进行修改！

【简单的任务】

文件名中数字前有其他符号，而不是连接符“-”。你必须设法让函数“切换”到另一种符号。重要的是：每次只有一种特定符号是有效的！你可以在自定义函数中操作。

好吧，让我想想……

这里需要一个全局变量，从而可以在外部进行修改。这个变量要事先默认为连接符：

```
trennzeichen = "-"
```

对此，只要用变量替换被固定编入的分隔符就好了！

```
def kurzer_dateiname(datei_name):
   anfang = datei_name[0:6]
   ende = datei_name[-3:]
   trenner = datei_name.index(trennzeichen)*1
   zahlen = datei_name[trenner+1: trenner+3]
   if anfang.isalpha() and ende.isalpha() and zahlen.isnumeric():
      neuer_name = anfang + zahlen + '.' + ende
      neuer_name = neuer_name.lower()
      return neuer_name
   else:
      return False
```

*1这是函数中唯一的、必要的改动。

由于篇幅限制，这里不再重复注释或文档字符串。

【艰巨的任务】

现在模块中还有一个新的函数set_trennzeichen()，通过这个函数trennzeichen的值可以改变！最多只允许一种符号作为分隔符！

```
def set_trennzeichen(neues_zeichen):
    if len(neues_zeichen) == 1:*1
        global trennzeichen*2
        trennzeichen = neues_zeichen*3
    else:
        print("Nicht geändert! Falsche Zeichenzahl!")*4
```

*1这里检测给定的新分隔符的长度是否刚好为一个符号的长度。

*2如果是，则为了进行修改将变量trennzeichen定义为全局变量，否则只能得到一个在函数中短暂存在的变量。

*3这样就对全局变量进行了修改。

*4如果不满足，为了简便起见，则只输出一条提示。

现在是最后一部分。

测试模块是否能做出正确响应。

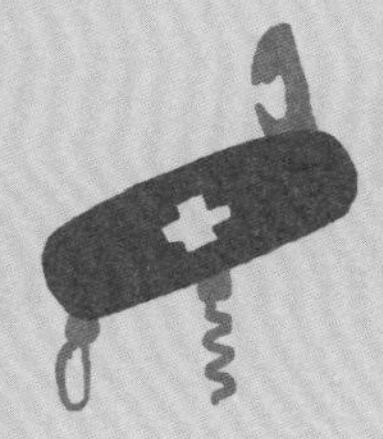

【简单的任务】

调用模块，用文件名Tempelpalast-12.jpg检测函数，然后将新函数中的分隔符改为下划线，测试名称Schatz_71-sw.jpg。

```
import dateiname
print(dateiname.kurzer_dateiname('Tempelpalast-12.jpg'))*1
dateiname.set_trennzeichen('_')*2
print(dateiname.kurzer_dateiname('Schatz_71-sw.jpg'))*3
```

*1这是经典的调用。数字前的分隔符还是连接符。

*2这里新函数中的分隔符变为下划线。

*3我们的函数已经可以使用其他分隔符，并按照修改后的规则运行了！

【笔记】

对函数的值进行更改很常见，用单词set开始，然后写入需要更改的变量名，如set_trennzeichen。这样人们就知道需要函数改变的变量是trennzeichen。这就是所谓的调节器setter。

不错，但是，你说……

这些或许要进行大量的输入吧？

比如需要用名称来调用方法和变量。

你说得没错，长此以往地使用“模块名.函数”的写法会很费劲。但是别担心，Python提供了大幅压缩工作量的方法。

事实上有两种可能来减少输入的工作量。

可怕的长模块名——as

模块名可能很长，且具有自我解释性。但输入长的名称并不意味着愉悦或者有意义。模块名如doppelt_genaue_berechnung或者wahrscheinlichkeit_grabungserfolg之类，简直是文字噩梦。输入工作量大暂且不说，代码看起来也不美观，还影响了可读性：

```
import doppelt_genaue_berechnung
import wahrscheinlichkeit_grabungserfolg
ergebnis = doppelt_genaue_berechnung.division(a,b,c)
```

这些模块名虽然具有解释性，但它们很快就成为源文本的噩梦。

用as改名来进行补救！在调用时你很容易就可以给任何模块赋一个新的名称——用as，加上自定义的名称：

```
import doppelt_genaue_berechnung as genau
import wahrscheinlichkeit_grabungserfolg as erfolg
ergebnis = genau.division(a,b,c)
```

例子中原本的名称必然会引发争论，多亏了as让它变得更加简单明了。

【注意】
在程序中用as进行更名，你可以在程序中只用新的名称调用模块。原本的名称不再被识别。

给模块赋一个变量

另一种方法就是在调用后给模块任意赋一个变量：

*1和往常一样进行调用。

```
import doppelt_genaue_berechnung*1
genau = doppelt_genaue_berechnung*2
import wahrscheinlichkeit_grabungserfolg*1
erfolg = wahrscheinlichkeit_grabungserfolg*2
ergebnis = genau.division(a,b,c)*3
anderes_ergebnis = doppelt_genaue_berechnung.division(a,b,c)*4
```

*2调用后模块被赋予一个变量，不需要直接在调用后操作。

*3完成赋值以后，由缩短的变量名称替代原本的模块名。

*4实际的模块名也能和之前一样使用。

【便笺】
以这种形式给模块赋一个变量只会产生一个额外的名称。相反，as完全不同，它可以直接在调用时使用新名称。

【背景信息】
人们将这称为语法糖：简化通常是可选的，但它们实质上不会改变原本的功能。

这种出色的简化甚至与导入模块中的函数完美配合：

*1在进行调用后函数和模块名一同被赋予一个变量。

```
import doppelt_genaue_berechnung*1
ausgerechnet = doppelt_genaue_berechnung.division*1
ergebnis = ausgerechnet(a,b,c)*2
```

*2变量的名称就可以代表函数被使用。

这样的赋值也作用于模块中的变量，但存在一个局限：对于那些只包含简单值的模块变量，只能被读取，无法被写入。你可以读取这样的一个变量，但是不能对它的值进行改动。

呃，是这样吗？

明白了！

至少我相信。

还是？

有一个小例子。我们编写一个名为variable的简单模块，它有一个变量。我们将它存储在名为variable.py的文件下。

```
zahl = 42
```

不需要很多代码，但要包含用于测试的那些。

现在还需要一个程序，用于调用该模块。

```
import variable
wert = variable.zahl*1
print(wert)
wert = 13*2
print(wert)*2
print(variable.zahl)*3
```

*1 这里给变量wert赋模块中的变量。print()函数的输出表明：赋值完成！

*2 现在更改变量wert的值，但它只对该变量产生影响。

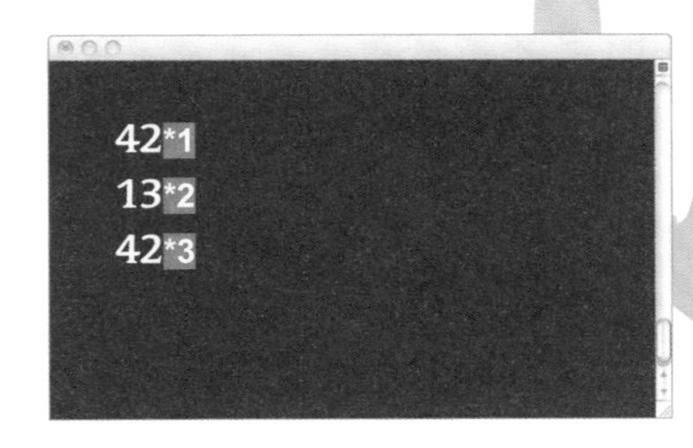

*3 因为从这里可以看出，真实的模块变量并没有发生改变！

但是这对函数有效，为什么对变量就行不通呢？

乍一看似乎有些奇怪，但是在Python中，如果一个变量被赋值或者被传递（如调用函数时的参数），那么就一直有一个值被传递。这就是所谓的引用传递，即Call by Object Reference。

如果涉及如数字、字符串、元组这些固定不变的简单值，那么输出的也是这些值（即数字、字符串或元组），而不是变量。

如果传递的是可变的复杂值，如这里来自模块或对象的函数，则也会传递一个值，这个值实际上是指引用对象——指向实际元素的值。典型的例子就是列表，如果给一个列表赋一个其他的变量，或者将列表作为参数传递给函数，那么原本的列表（在函数中）一直在被使用和更改。

*1 这里只有变量的值从模块中传递。

```
import variable
eine_zahl = variable.zahl*1
funktion = variable.irgendeine_funktion*2
```

*2 这里传递的是对象，更确切地说是引用对象。在Python中，引用对象始终指向原始元素。

在我们的模块中引用对象在函数中传递。该引用对象展示的是真实的原始对象（即我们的函数）。

常见模块——Python标准库

你对import命令已经非常熟悉了。是时候来查看Python自带包中的模块了。Python会提供一些大大简化编程工作量的模块。它们来自Python标准库。你可以直接调用标准库中的模块，不需要考虑它们的位置。它们是Python的一部分。在下一章你会认识一些这样的模块，并用它们进行操作。先来认识其中一个最具代表性的模块：math模块。

这个模块提供了一些函数，用这些函数，即使最复杂的运算也变得非常简单。例如，它有对数字进行四舍五入的方法：

*1调用模块。因为它是Python标准库的模块，所以不需要考虑它的位置。

```
import math*1
aufgerundet = math.ceil*2
abgerundet = math.floor*2
print(aufgerundet(41.01)*3)
print(math.floor(42.94)*4)
```

*2可以给需要的方法赋一个变量……

*3……然后用它进行操作。

*4当然也可以像往常一样使用方法。

```
42
42*5
```

*5这也太神奇了，得到的计算结果总是相同的数字。

也可以用math模块处理一些常见的运算，如正弦和余弦：

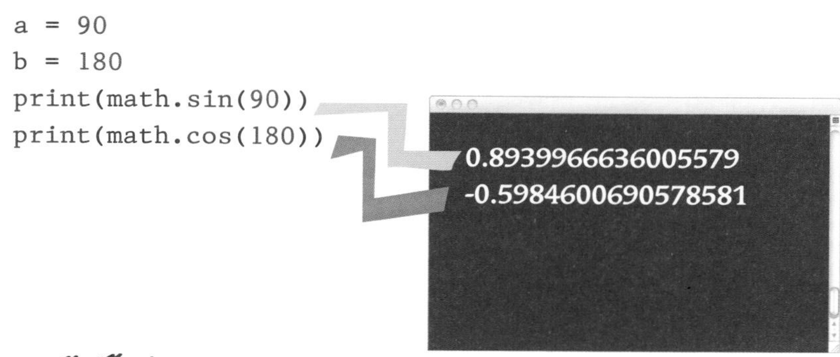

咦，等等！

结果好像有哪里不对。

你说得对。原因在于Python在计算时并不是以角度为单位，而是以弧度为单位。这就像是浮点数中的小数点写法，只不过是另一种处理方法而已。

为了得到想要的结果，必须先将角度转化为弧度再计算。需要用到的方法是radians()。

```
a = math.radians(90)*1
b = math.radians(180)*1
print(math.sin(a))
print(math.cos(b))
```

```
1.0*2
-1.0*2
```

*1必须用radians()方法对值进行换算。

*2现在已经是想要的结果了。

随机事件——random模块

random模块可以囊括随机数。你也知道，在比赛或者模拟中随机数非常重要。

通常情况下在调用模块的同时调用该方法，然后就会生成一个在0和1之间的随机数：

```
import random
zufallszahl = random.random()
print(zufallszahl)
```

```
0.8319197775783539
```

在大多数情况下，需要获取特定区间的整数随机数，即从下限值到上限值。你可以对上面的随机数进行乘法或加法，然后对结果进行四舍五入。该模块还提供了一个更加简单的方法，即randint()。

```
import random
zufallszahl = random.randint(1,5)
print(zufallszahl)
```

每次调用都会生成一个整数随机数，它在给定参数的区间内，包括参数。实际上这里会产生一个从1到5的随机数。

同样可以用uniform()方法生成一个浮点数：

```
zufallszahl = random.uniform(1,5)
```

```
3.2620804804255887
```

这里生成的也是一个随机数，也在给定参数的区间内，包括参数本身。

区别在哪里

布置一个小任务：

```
import random
mein_zufall = random.uniform
zufallszahl = random.uniform(1,5)
```

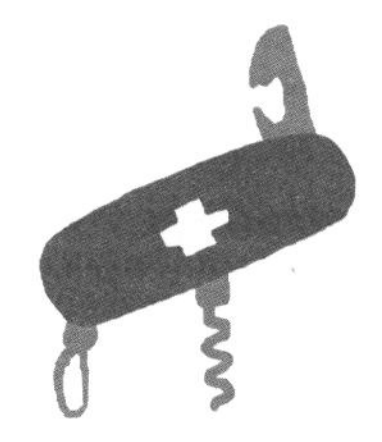

【简单的任务】

mein_zufall和zufallszahl两个变量，哪个生成的随机数更大？

没错！mein_zufall根本没有从方法中获取赋值，而是方法本身传递给了该变量。因此，可以使用变量来代替方法调用：正如你所看到的那样，不必总是编写模块名和方法！

用print()函数将两个变量输出，会得到这样的结果：

```
<bound method Random.uniform of <random.Random object at 0x7fe6b292e220>>*1
1.2710679558524243*2
```

*2这是一个从方法返回的真实随机数。

*1这里不是一个随机事件，而是一条提示，告知random.uniform()方法和我们的变量进行了绑定。

用from、import、as有目的地调用或者直接调用

编写的内容越多，当然就会设置越多的模块。实际上这就是Python中的程序。为了更好地对代码进行重复使用，需要编写大大小小的不同模块。

重要的是，必须能从大量的模块中轻松获取单个元素。在Python中可以实现对常用函数或方法的有针对性的或直接的调用。确切地说，不再需要指定命名空间！

假设在一个程序中经常需要使用random.uniform()和random.randint()方法。在调用模块后可以将变量赋给函数，但用from和import命令更加简便：

*1 连同from命令一起使用可以指定你想要的模块，然后从中进行有针对性的调用。

*2 用import命令指定你想要的函数或方法。可以同时指定多个，它们用逗号分隔。

```
from random*1 import uniform, randint*2
zufallszahl = uniform(1,10)*3
print(randint(1,42)*3)
```

*3 这样，在程序使用这些函数时就不需要指定命名空间了。

用这种方式调用时，只有明确导入的函数可用。也可以进行正常的导入，以便通过指定命名空间来访问其包含的所有函数。

这还不是全部。你可以用as设置其他任意的名称，然后取代通常的名称进行使用。你已经在import操作时对此有所了解了。

*1可以用as给函数一个其他的名称。

```
from random import uniform as mit_komma*1, randint
zufallszahl = mit_komma(1,10)*2
print(randint(1,10)*3)
```

*2在程序中只用新的名称。原本的名称不再使用。

*3如果没有用as起新的名称，则保持原样。

as的使用是可选的，并不一定用于所有被调用的函数。借助它你可以更好地应对名称冲突。

另外，虽然并不推荐，但模块中的所有函数都可以用这种形式进行调用，这样就可以在不指定命名空间的情况下使用模块中的所有函数。

```
from random import *
```

为什么不推荐呢？

这样操作当然也无可厚非，毕竟Python允许这样的操作，但是代码的可读性会变差。你无法弄清函数的来源。如果多个模块嵌套在一起，那么情况会更加糟糕。同时，相同名称的函数也可能产生冲突。请在有充分理由的时候这样使用——

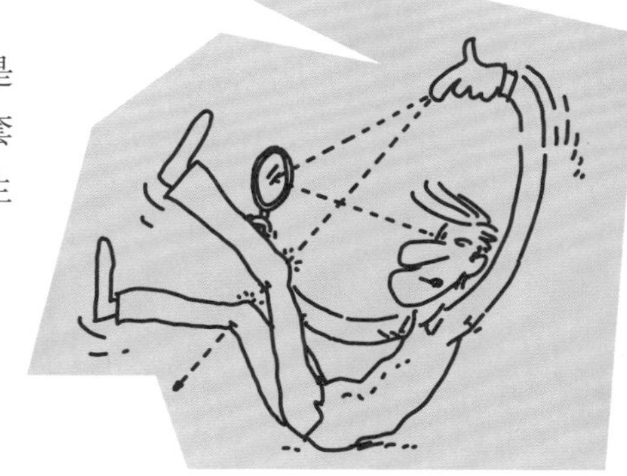

方便不应当作为理由。

随机数有多少种可能

再提一下随机数和它的随机性。当人们说到随机数时，经常会提到伪随机数。这是为什么呢？

因为随机数并不是真的随机。随机数并不是随机得到的，而是基于一个种子计算而来。如果种子相同，那么得到的随机数也相同。

这是什么意思呢？

每次当程序启动计算随机数时，都会产生一个基值，随机数在这个基值的基础上被计算出来。如果种子相同，那么由它产生的随机数也相同。

不需要其他命令而是由实际的系统时间作为随机数的种子，但你随时可以将一个自定义的值设置为种子。

这有什么好处呢？

非常简单：你可以重新产生随机数——用相同的种子和random模块产生相同的随机数。依次启动程序两次，那么得到的随机数也会不同。设置一个相同的种子，那么每次循环都会产生相同的随机数。如果你想在相同的条件下进行检测，这是非常有价值的！

用random.seed()函数可以将一个值设置为种子。

```
import random
random.seed(42)*1
print(random.randint(1,10))
print(random.random())
```

*1 只要random.seed()函数传递的参数相同，那么生成的随机数也相同，无论你打开程序多少次。

```
2
0.025010755222666936
```

甚至可以在其他计算机中打开程序，随机数也是一样的。

不止一个import——两个import

你可以在程序中调用任意多个模块，这当然不成问题。你也能从一个模块中使用多个import命令。

将上一个程序案例改写，为模块设置一个通用的import命令，然后为函数randint()和random()设置一个import命令，让它们能够使用名称zufall和null_bis_eins。

*1这是整个模块的第一个import命令，借此你可以使所有函数可用——可以通过“模块名.函数”的经典形式调用。

```
import random*1
from random import randint as zufall, random as null_bis_eins*2
random.seed(42)*3
print(zufall(1,10))
print(null_bis_eins())*4
print(random.randint(1,10))
print(random.random())
```

*2这里还有一个import命令用于同一模块中的函数randint()和random()，使函数可以直接使用——每次通过给定的名称。

*3这里获取函数seed()。因为只需要使用该函数一次，不需要和*2一样设置一个特定的import命令。

*4对于常用的函数，设置一个特定的import命令和自定义的名称更有帮助。

真的可以给一个模块设置两个import命令！

你看，用多个import命令执行并辨别常用的模块或函数非常简单！

你学到了什么？我们做了些什么？

让我们做个简短的总结：

模块其实和能够在其他程序中被调用的Python程序没什么不同。借助模块你可以很好地重复使用代码，也能够将代码提供给其他开发者使用。

模块中的程序代码处于一个单独的命名空间，即Namespace中。它类似一个固定的区间，在相同的命名空间中，代码和调用模块不会重合。它们彼此界限分明。

借助文档字符串几行代码就能建立一个有用的文档，你可以用函数help()对其进行调用。

与此同时，不仅能够从其他程序中调用模块，它还可以作为独立的程序执行甚至做出不同的响应。

还可利用全局变量进行工作，但在使用时需要保持谨慎，因为你不想弄得一团糟。

借助as可以给被调用模块中不匹配的元素设置一个新的名称，也可以给模块中的元素赋一个变量。借助模块为减少工作量提供了无限可能。

你不仅拥有自定义的模块，Python标准库根据不同的用途提供了大量现成的模块。不管数学运算还是随机数，Python中总有你想要的！

—第二章—

类、对象和古希腊人

Python不仅本身出色，还能出色地处理类和对象！在本章中你不仅能弄清它的性质，还能在不出错的情况下更快地编程。同时，你还能了解古希腊人与它的关系。面向对象的编程并没有专业术语听起来那么难。

古老的软件危机

就在若干年前，编程开发领域发生了一次所谓的软件危机：程序应用越来越广泛、越来越强大。越来越多的开发者同时开发一个程序。在开发过程中产生了越来越多的改动需求。这导致程序中产生越来越多的错误和问题，项目也越来越失控。

它以某种方式一直延续至今，至少现在看来是这样。

在Python中这样描述：

软件危机=大量代码*开发者数量*修改

或许你已经有所体会：编写新程序的第一个想法很快就能实现——代码很少而且非常固定。但是，程序被打磨的次数越多，越容易出现意外和不测，写入越来越多代码的同时也产生越来越多的错误。

错误？

在我这儿？

还没经历过呢……

寻找救星？救星就是面向对象的编程

用新的方式编程，必须要有新技术或者新方法：面向对象的编程，简称OOP！

这是什么？

在面向对象的编程中你的程序会被切分成小的部分，它们在Python和大多数面向对象的语言中作为类和对象（由类产生）存在。这些小的部分……

- 浏览起来自然要比一个大型连续的程序轻松得多，因为这样的程序甚至有成百上千个命令行，只可由一些函数进行中断。

- 独立于彼此以及其余的程序。你可以自己决定，哪些部分可从外部（从程序的剩余部分或其他的类）访问。

- 使它对程序中任何地方所做的更改更加鲁棒。

听起来有点像函数？

函数和类以及对象没有多大差别：它们是独立的，与单独区域中的其他元素分开存在。函数是一个抽象的事物：只对函数进行定义不会发生什么。只有进行函数调用，一个函数才有生命，或者说才开始运行。

类和对象也类似如此。类最初只是一个定义——一个模型或者“蓝图”：某些代码、一些变量，就是这样。只有在类中设置一个对象（人们也称其为“实例化”），类才有生命——和函数调用一样。

想象一下烤饼干：你有一些塑造饼干形状的模具，这就是类。借助饼干模具做出和模具形状相同的饼干，这就是对象。只有饼干是可以吃的或者说是可以用的。

美味！

但是和函数相比类和对象有什么优点呢？

调用函数，执行代码，或许再返回值。然后，一切都消失了。相反，对象的“生命”和运行的程序一样长，并且在它的生命周期内可以保存它所有的值。

【便笺】
和短暂的函数相比，对象的生命周期更长，和运行的程序一样长！

函数就是函数——就是这样。

是的，这听起来符合逻辑……

可以产生具体对象的类，可以有几乎任意多的不同方法。这里的方法和函数很相似，只不过它们属于类。

【便笺】
一个类（以及对象）可以包含任意多的方法。

函数可以有自己的变量。同时，值可以通过函数传递或返回。但是，离开函数变量就消失了，包括它的值。

相反，类拥有特殊的变量，也就是所谓的属性（Attribute）。这些变量甚至可以从外部访问，并且存在的时间可以和程序运行的时间一样长，而不是在调用后就成为“历史”，并失去所有的值。

【便笺】
对象可以有属性，进行调用后即可使用，同时可以一直保留它的值，至少持续到程序结束。

面向对象的变量以特定的框架为基础：类和对象。这一想法非常简单，源自古希腊哲学。

【背景信息】
一切事物都可以划分为类。它描述了形状和功能。类是一种框架或模型，用于确定所有的特征和功能。类是抽象的——只是一个框架。必须从框架中生成一个具体的对象。

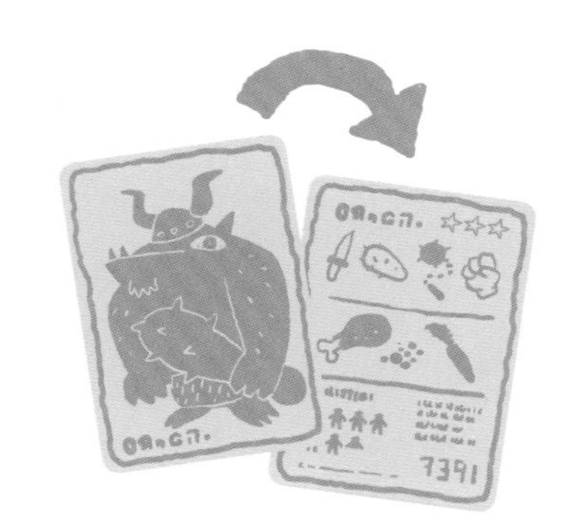

一些细节——关于类和对象

这样一个类和对象看起来是什么样的呢？

这是一个基础的类：

```
class Spam:
    pass
```

这是一个非常简单的类。它没有功能，没有特征，也没有属性。这里还看不到属于它的对象。

这个类目前什么也做不了，但至少已经是一个真实的类。通常对类的名称进行驼峰式（CamelCase）大小写。

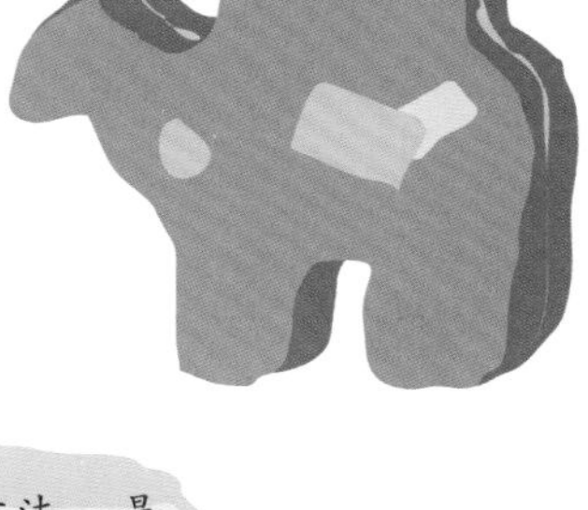

给我们的类一个简单的方法，用print()函数输出：

```
class Spam:
    def eine_methode(self*2):*1
        print(42)
```

*1你的第一个方法。是的，事实上它和函数的建立是一样的。

*2这是新内容：一个特别的参数，类的每个方法都需要它。

这里当然不再需要pass了。

这个self是用来做什么的？

方法在某种程度上和函数非常相似，除了它确实属于一个类（或具体的对象）。每次调用这样的方法都会向方法传递对象的内部信息。为此必须指定一个参数self。

【背景信息】
内部参数self的名称不是固定的。它只是一个惯例。通常也会用this替代self。当然你也可以使用其他名称。

从第一个类到第一个对象

目前只设置了类。因此，即使将所有内容进行存储，然后作为程序运行，也不会发生什么——和函数一样。

现在必须从类中（作为模型）创建一个具体的对象，该操作被称为实例化。给类赋一个变量。这一操作在类外部执行——和函数一样——在对类进行定义后。

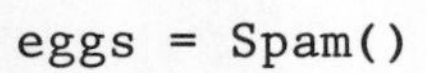

```
eggs = Spam()
```

这是经典的赋值。只是这里的变量不是简单的值，而是给类赋Spam()。这样就生成了一个新的对象。

现在就可以用对象eggs进行操作，并且使用类的所有功能。重要的是：为了从程序外部进行访问，必须一直写入对象的名称和对应元素的名称，并以逗号分隔——如果是方法，则需要带圆括号。从对象eggs中调用方法eine_methode()看起来是这样的：

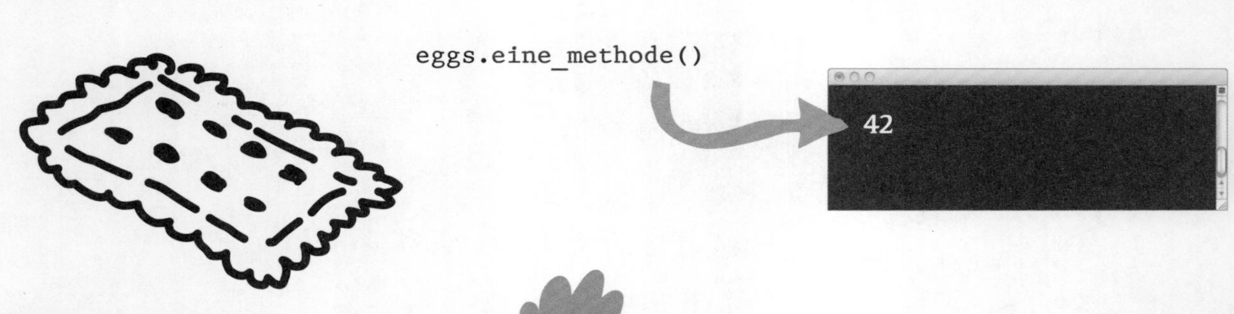

【注意】
和函数相似，类必须先经过定义，之后才能实例化一个对象。

一切都刚开始——__init__()方法

这当然还不是全部！类可以包含特殊的方法，它们拥有魔法般的功能。其中一个方法就是__init__()，它总是在类中设置新的对象后被执行：

```
class Spam:
    def __init__*1(self*2):
        print("Hallo in der Welt der OOP!")
    def eine_methode(self):
        print(42)
```

*1从名称__init__就能看出，这是一种特殊的方法：当新的对象在类中被设置时，它就被执行一次。

*2参数self对于这个特殊的方法也是必不可少的。

```
eggs = Spam()
```

```
Hallo in der Welt der OOP!*1
```

*1这里创建完对象后就发生了一些变化——__init__()方法被执行！

```
eggs.eine_methode()
```

```
42
```

每次从一个类中设置一个新的对象，方法__init__()都会被自动调用，而且是在所有其他操作之前！

【背景信息】

在方法__init__()中可以执行各种操作，这对于对象在程序中的启动有重要的意义，例如属性的初始化、重要参数的输入或者数据库连接的建立。这些功能并不一定都要包含在__init__()中。最好是写在单独的方法中，然后再从__init__()中调用。这在其他编程语言中被称为构造（construct）。

太棒了！

第一个属性

现在开始尝试定义一个真实的属性，也就是在方法__init__()中设置一个对象，对于这样的操作这是一个理想的位置。然后，在eine_methode()方法中访问这个属性：

```
class Spam:
    '''Eine Klasse, nur als einfaches Beispiel'''*1
    def __init__(self):
        self.ein_attribut = 42*2
        print("Hallo in der Welt der OOP!")
    def eine_methode(self):
        print(self.ein_attribut*3)
```

*1这里还插入了一个文档字符串。你从函数那里应该已经对它有所了解。

*2这是一个属性，也就是一个属于对象的变量，而不只是方法的一部分。你可以从名称前的self看出。给我们的属性赋任意值。这里赋的是42。

*3现在在其他方法中访问该属性。这里也是用self命令，即self.ein_attribut。

【便笺】
如果想从一个对象中访问一个元素，那么需要用命令self建立连接，即self.ein_attribut或self.eine_methode()。

和方法一样，也可以从外部访问属性！这是因为属性在初始化后不只在调用方法时存在，而是和对象存在的时长一致。

如下所示：

*1 直接调用属性。

```
eggs = Spam()
eggs.eine_methode()
print(eggs.ein_attribut*1)
```

```
Hallo in der Welt der OOP!
42
42*1
```

你应该已经注意到：

在类中用self.attribut，即self.methode()访问元素。在外部用对象的名称和属性的名称，即方法name_des_objekts.attribut()或name_des_objekts.methode()。

另外：每一个实例化的对象拥有所有的属性、值和方法，它们也有基础的类。类实质上是具体的框架，基于此对象进行实例化！

还有非常简单的变量

在方法中还可以存在普通的、生命周期短暂的变量，它们在调用方法后便会消失，和函数的情况相同。

如果在变量前没有使用self，Python将其视为方法的普通变量：

```
class Eggs:*1
    def __init__(self):
        self.ein_attribut = 42
    def eine_methode(self):
        verdoppelt*2 = self.ein_attribut * 2
        print(self.ein_attribut)
        print(verdoppelt)*3
mein_objekt = Eggs()
mein_objekt.eine_methode()
print(mein_objekt.verdoppelt)*4X
```

*1 不是一直都是Spam！

*2 这不是属性，而是非常普通的变量，因为名称前没有self。

*3 只有在方法内部才能用变量verdoppelt进行操作。

*4 这样不可行！因为没有变量mein_objekt.verdoppelt！

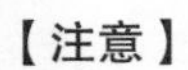

【注意】

从外部不能访问变量verdoppelt，因为它只在函数调用时存在，之后便会消失，这一点和函数中的变量是一样的。

文档字符串助力于获取信息

也可以将对象的文档字符串输出，用help()函数调用时会输出更多的信息。是否指定对象和它的类无关紧要。

```
print(eggs.__doc__) # print(Spam.__doc__)
```

```
Eine Klasse, nur als einfaches Beispiel
```

```
help(eggs) # 类也是这样：help(Spam)
```

```
Help on spam in module __main__ object:
class Spam(builtins.object)
 | Eine Klasse, nur als einfaches Beispiel
 | Methods defined here:
 | __init__(self)
 |   Initialize self. See help(type(self)) for accurate signature.
 | eine_methode(self) | eine_methode(self)
```

通过调用help()函数，会输出文档字符串和其他信息，如所有方法。出于篇幅限制，这里省略了help()函数的输出。

【便笺】

注意，这里并不是用类进行处理。它只是作为框架被使用，从而实例化一个具体的对象。

还有一点，薛定谔：

还有，你不限于只拥有一个类的一个对象。

可以从一个类中实例化任意多的对象：

```
noch_ein_objekt = Spam()
leckeres_essen = Spam()
```

同属于相同类的对象拥有相同的属性和方法。为所有类的对象编入的所有值一开始也是相同的，但是在实例化后，所有对象便会完全独立，一个对象的改变并不会影响其他对象。

我们可以快速演练一下：

```
noch_ein_objekt.ein_attribut = 13
leckeres_essen.ein_attribut = 7
```

这里每个对象的属性ein_attribut都发生了变化。

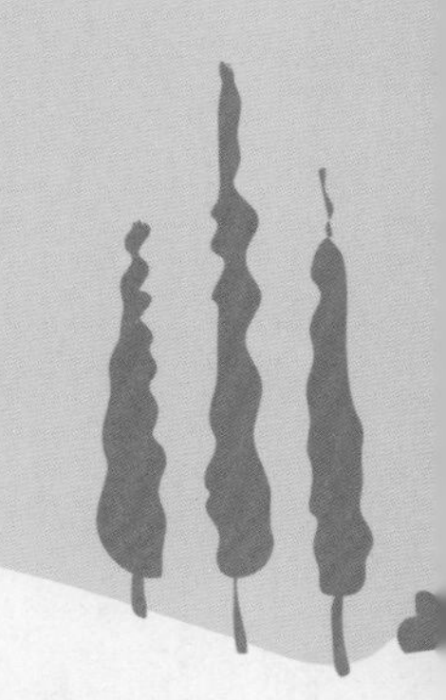

方法的调用方式与相应的对象名和相应的元素完全相同。当然，也可以再次查询该属性。

```
noch_ein_objekt.eine_methode()
leckeres_essen.eine_methode()
```

```
13
7
```

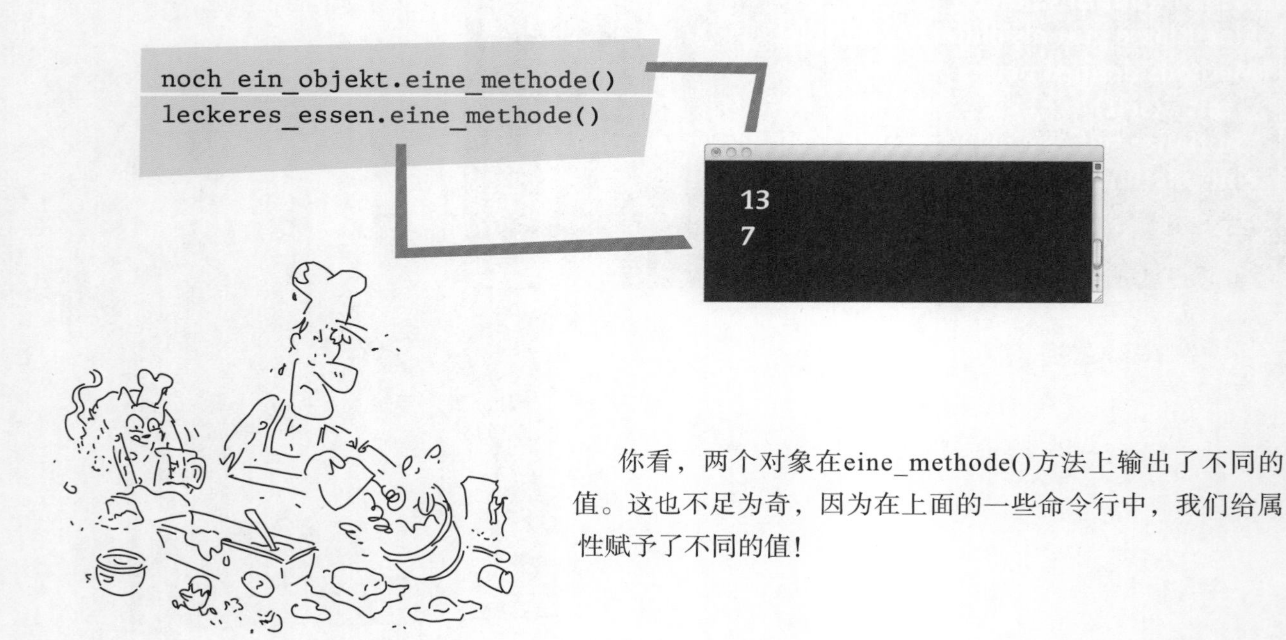

你看，两个对象在eine_methode()方法上输出了不同的值。这也不足为奇，因为在上面的一些命令行中，我们给属性赋予了不同的值！

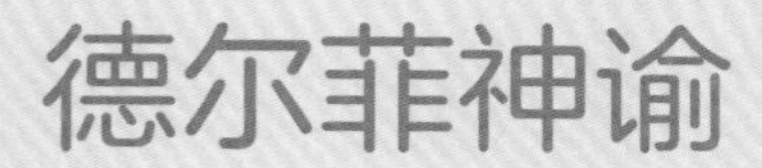

德尔菲神谕

现在该你编写你的第一个类了。因为类和对象的想法源自古希腊，所以还有什么比用经典的希腊方式进行编程更加地道的呢：

德尔菲神谕！

在希腊预言中德尔菲神谕要么委婉地使用某种神秘的方式，要么直接判断“是”或“不是”。

【简单的任务】
你的任务是写一个预言，将“Ja”（是）、“Nein”（不是）、“Vielleicht”（也许）作为预言，即值返回。

确切地说是写一个带有属性、方法和对象的类。

然而，这个任务还需要考虑一个特殊情况：

【艰巨的任务】
同样的答案不允许出现两次！

对此你需要：

- 一个类。
- 一个属性，用于以列表或元组形式存储可能的答案。
- 一个属性，用于存储最后的答案，因为你必须避免答案重复。
- 一个方法，用于查找还未给出的答案。

薛定谔，接受任务吧！

还有个建议：可以用random.choice(eine_liste)从列表或元组中返回一个随机的元素。

此外，不要感到惊讶：对象只有在程序运行时才能识别数据。每一次程序重新启动所有内容都回到初始值。

好吧，然后我们想要……

为了设置预言的随机答案需要调用模块random。

```
import random
```

其次是类，我们将它命名为Orakel：

```
class Orakel:
```

然后是两个变量，确切地说是两个设置在__init__()方法中的属性：

```
def __init__(self):
    self.antworten = 'Ja', 'Nein', 'Vielleicht'
    self.alte_antwort = None
```

第一个属性是带有可能的答案的元组，第二个属性用于存储之前的答案，现在暂时还是空的。除了None还可以用''表示空字符串。

接着是用于预言的方法，需要带参数self：

```
def weissagt(self):
```

按照这样的逻辑将从元组self.antworten中提取一个随机值。只有当这个值和之前的答案不一致时，while循环才会结束并返回有效的结果：

```
while True:
  auswahl = random.choice(self.antworten)
  if auswahl != self.alte_antwort:
    self.alte_antwort = auswahl
    break
return auswahl
```

只有当选项和之前的答案不一致时，循环才会结束。首先被选中的答案要存储在属性alte_antwort中。

现在已经有些棘手了！

只有当之前的答案和新的答案，也就是新选项不一致时，while循环才会结束。反之，如果两个答案相同，while循环会再次执行，直到找到一个之前未使用过的新值。

没错！

最后新的结果，即神谕之言，会用return进行返回——完成！

第一个类——重新载入一些内容

这里还有一些小的改进措施，当然要基于你已经轻车熟路：

*1 文档字符串比任何文档要好，因为很多时候文档都无法写入。如果内容变得复杂，则可以多写入一些关于类的信息。

```
import random
class Orakel:
    '''Das Orakel gibt dir Antworten auf deine Fragen'''*1
    def __init__(self):
        self.antworten = 'Ja', 'Nein', 'Vielleicht'
        self.alte_antwort = None
    def weissagt(self):
        while True:
          auswahl = random.choice(self.antworten)
          if auswahl != self.alte_antwort:
            self.alte_antwort = auswahl
            return auswahl*2
```

*2 除了break，也可以直接输入return auswahl，这时循环和方法会同时结束。

此外，最好尽可能将类保持通用的状态（和好用的函数一样）。一个类应该用于执行在类中真正有意义的任务。

想象一下，你已经在类中完成了输出！如果神谕之言作为其他文本的一部分输出，或者大量的结果写在一个命令行中，会发生什么呢？如果已经将输出编入类，那么每次都需要对类进行改写，它很可能不再和迄今为止的调用匹配。

面向对象的编程的重点和核心在于代码的重复使用。因此，一个类最好遵循这一本质，并且只做它应该做的。

在类中，答案是以返回值的形式出现的，而不是由print()函数产生的固定的、格式化的输出！至少不是单独的变量！因为一个类可以包含不同的方法。

所以继续，你的下一个任务等着你！

第一个自定义对象

还需要从类中实例化一个对象，并且产生输出。最好同时设置多个预言，来查看一切是否都和预期的一样。

【简单的任务】
从类Orakel中实例化一个对象，然后设置10个预言，同时写在一个命令行中。

*1对象是mein_orakel。

*2将类直接赋给变量，从而产生一个对象。

```
mein_orakel*1 = Orakel()*2
for i in range(10):*3
    print(mein_orakel.weissagt()*4, end = " "*5)
```

*3这里开始循环。

*4调用10次方法并且输出返回值，即神谕之言的答案。

*5全部都写在一个命令行中，当然每一次看起来都不同，答案是随机选择的。

```
Vielleicht Ja Nein Vielleicht Nein Vielleicht Ja Nein Vielleicht Ja
```

说实话，我认为如果能将预言同时输出会更加实用。

确定是现在？能行得通吗？

这不成问题。
可以再写一个方法，从而产生输出。

当然可行，直接再写一个方法，用print()函数进行格式化输出！毕竟你不能只从外部访问类的方法。再写入一个方法，用于访问现有的方法和属性。你可以为输出单独编写一个方法，用于从方法weissagt()中设置预言！

太棒了！

【艰巨的任务】

写一个方法ausgabe()，将预言用print()函数进行格式化输出。

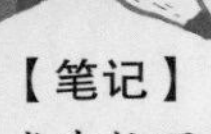

【笔记】

类中按照什么顺序写入方法和属性并不重要。通常将属性放置在开头，方法紧随其后。__init__()方法是第一个有意义的方法。

我现在就来操作！

首先进行定义，必须将self再次作为参数呈现：

```
def ausgabe(self):
```

然后是精彩的一行：

```
print('+' * 30)
```

现在进行预言的输出。在文本前加“f”可以将带花括号的变量和函数调用直接写入文本。这对于方法或者它的返回值同样适用。

```
print(f"Das Orakel spricht '{self.weissagt()}'")
```

通过给定参数self获取类中单独的方法。方法和函数一样，圆括号是不能遗漏的。

然后又是一行：

```
print('+' * 30)
```

对了，薛定谔，你也可以先输出带有预言的命令行，然后存储在一个变量中，以这样动态的方式输出命令行的长度。

好主意！

大概是这样的？

```
def ausgabe(this):
    text = f"Das Orakel spricht '{this.weissagt()}'"
    print('+' * len(text))
    print(text)
    print('+' * len(text))
```

调用后完整的命令行是这样的：

```
mein_orakel = Orakel()
mein_orakel.ausgabe()
```

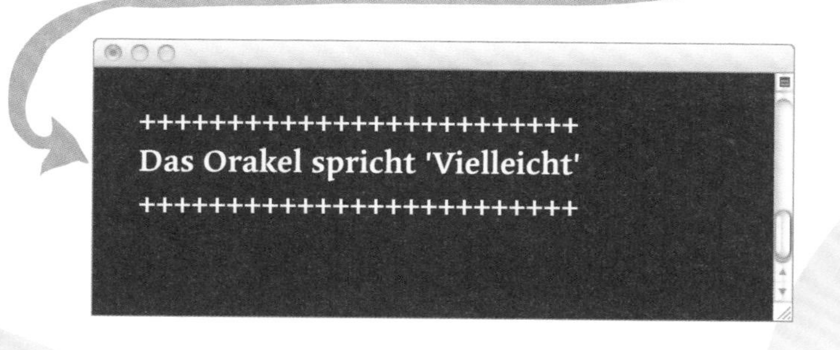

【笔记】

方法weissagt()和往常一样运行和被调用。这里新添加的方法对类的现有元素没有影响！

编程中最大的风险之一（难以置信，但确实如此），是对现有代码的改动。在程序流中添加一些新的命令行也足以产生危险。由于疏忽，现有变量会受到影响或者条件会发生改变，这些就已经能造成无法预见的错误了。欢迎进入软件危机……

相反，在类中添加新的方法几乎没有风险，因为其他方法不会因此发生变化。带有不同方法的类明显更有优势！更多的代码，更少的错误。

当然，如果在方法中对现有属性的值进行了修改，那么就要注意了。这样的操作会对现有程序产生影响！

【笔记】
每个方法中都务必包含参数self。至于你怎么称呼它，完全由你自己决定。在每个方法中，甚至可以给它不同的名称（但是别这样做！）。例如，它在一个方法中叫作this，在另一个方法中叫作self。不过最好进行统一，self就是不错的选择。如果在未知的类中突然出现了其他参数，也不必惊讶。通常情况下它们只是self的别称而已。

但我还有一个问题！

为什么不能在类中直接使用对象的名称，如mein_orakel，而不是self（或this）？

这没什么意义。单从语法来看是可行的，因为它只是和self不同的名称，除了名称相同跟后面的对象没有其他关联。但是这样并没有意义——当你在写类时根本不知道，该怎么称呼相应的对象，而且你可能会有很多对象，这样做就更没意义了。与self或this这样经典、抽象的名称相比，和对象保持相同的名称没有任何优势。

Orakel重载——属性修改

现在类Orakel还是静态的。如果Orakel可以根据使用情况给出其他答案就太好了。

通过访问属性antworten的方式可以提供更多答案。

和能够访问方法一样，也可以访问属性，从而在整个程序运行的过程中对它进行读取，同时也能对它进行修改。你可以通过：

- 对象的名称
- 加上点号
- 再加上属性的名称

读取一个属性，同样也可以通过写入的方式进行访问，即给属性赋一个新的值。当然要在已经设置完相应的对象之后：

```
mein_orakel.antworten = ("Tu es, Schrödinger!", "Lass es sein",
                         "Überleg dir das noch einmal",
                         "Frag doch lieber deine Freundin")
```

从赋值开始你就已经有其他答案了。

你可以尝试一下：

*1之前对象名为mein_orakel。现在给这个对象一个完全不同的名称：对象的名称不能和类的名称相似。

```
weissagung*1 = Orakel()
weissagung.ausgabe()*2
weissagung.antworten*3 = ("Tu es, Schrödinger!", "Lass es sein",
"Überleg dir das noch einmal", "Frag doch lieber deine Freundin")
weissagung.ausgabe()*4
```

*2这里还保留着之前的答案。

*3在程序运行期间给属性赋一个包含答案的新元组。

```
+++++++++++++++++++
Das Orakel spricht 'Ja'
+++++++++++++++++++*2
+++++++++++++++++++++++++++
Das Orakel spricht 'Lass es sein'
+++++++++++++++++++++++++++*4
```

*4从赋值开始会输出新的答案，但是对象还照常运行。

尽管进行了修改，程序依然能继续正常运行！

访问属性时要小心

直接访问属性很简单——近乎诱人的简单，但是这就像面向对象的编程的黑暗面一样。在类中我们希望变量antworten包含一个元组。你也可以给属性赋一个字符串或者（更糟糕的是）一个数字，但这样会导致奇怪的结果或者错误！在程序中元组必须包含两个元素，否则便无法找到新的答案，并且陷入无穷无尽的循环。

如果你直接修改了属性并且没有保持谨慎，那么程序很有可能无法使用修改后的数据正确运行。

哎呀，这样会发生什么呢？

你马上就知道了，年轻的薛定谔！

【简单的任务】
用原本的类试着运行下面的代码。

```
dunkles_objekt = Orakel()
dunkles_objekt.antworten = "Tu's nicht, Schrödinger!"
for i in range(9):
    print(dunkles_objekt.weissagt(), end=" ")
```

我很快就能完成！

程序认为，属性antworten中存在一个元组。如果给这个属性赋一个字符串，程序会将它视为元组——每个字母都是一个单独的元素。如果给属性赋一个单独的数字，就会报错，因为函数len()无法对数字进行处理。用('Ja',)的形式传递一个元组，其中只包含一个元素，这样会导致无限循环！

【注意】

当然你可以直接修改属性，但你要知道（或者至少充分地进行过检测）通过赋值会发生什么！

如果不经检测直接将数据传递给一个程序或者对象，则很可能出现问题。但幸好有其他方式来传递数据！

那我们使用其他方法吧！

关于参数

最简单的方法就是将参数传递到其中一个方法里。这和函数运行起来很相似：

```
class Spam:
    def verdopple_wert(self, wert)*1:
        wert = wert * 2
        return wert
egg = Spam()
print(egg.verdopple_wert(42)*2)
```

*1即使使用一个参数，也要像之前一样指定self。

*2如果从外部进行调用，则不用考虑参数self，Python自会留意。

【注意】

如果从类的外部进行调用，参数self就派不上用场了，Python似乎在调用时自动从内部对它进行了填充。

另外，你不必只限于使用一个参数，而是可以尽情地使用不同的参数进行编程。

例如可以这样：

```
def berechne_etwas(self, wert, multiplikator=2, trenner="~"):
```

当然这只是一个在某个类中进行方法签名的例子。

对于这一方法的调用也和往常一样：

```
irgendein_objekt.berechne_etwas(42, 3, "-/-")
```

或者这样：

```
irgendein_objekt.berechne_etwas(12)
```

但你说，我在这里也能输入一个不安控制的值吗？

当然可以。

但你可以在传递完成后直接对数据进行检测。

信任很好，掌控更佳

你现在可以在传递完成后，在方法内部对被传递的值进行检测，同时输出返回值。如果参数wert不是数字，则返回警示性的输出或者None：

```
class Spam:
  def verdopple_wert(self, wert, multiplikator=2):
      if(type(wert) != int and type(wert) != float):*1
          return None*2
      wert = wert * multiplikator
      return wert
```

*1这里检测变量的类型。如果值的类型不是整数或者浮点数，那么它就不是数字。

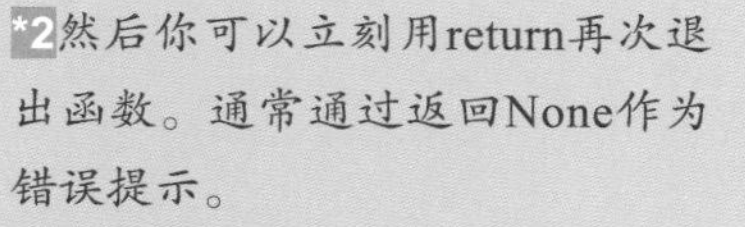

*2然后你可以立刻用return再次退出函数。通常通过返回None作为错误提示。

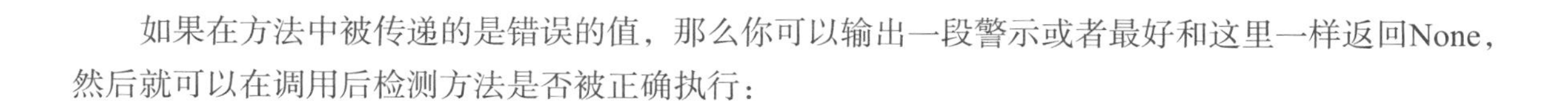

如果在方法中被传递的是错误的值，那么你可以输出一段警示或者最好和这里一样返回None，然后就可以在调用后检测方法是否被正确执行：

```
egg = Spam()
ergebnis = egg.verdopple_wert(12.2)*1
if ergebnis is None:*2
    print("Eingabe ungültig!")
else:*2
    print(ergebnis)
```

*1在这里，将返回值和方法的结果传递给一个变量这一操作是非常经典的做法。

*2这里对返回值做出回应。

【便笺】
在Python中可以进行严格的检测，来判断一个值是否真的是None，因为在比较时，None会与0、' '或者False等值区别开，如wert is None!

但是，如果想检测每个参数，那我的方法不是会越来越长吗？

那是当然。如果你不是盲目地相信被传递的值，至少是这样。你从函数那里已经意识到这个问题了。

被传递的值很危险

值必须在相应的方法中被正确地处理，因此它们必须具有正确的类型并且位于合适的区间内。

经典的错误类型太多了：

用字符串代替数字，零作为除数，等等。

但幸亏在类中这都不是问题。你可以将数据传递和数据控制转移到同一个类中的不同方法里，这样所有内容都合理分布在条理清晰的小单元（即方法）中——一切都完美地共处！

但这样我又要修改所有内容了呀！

当然不用，薛定谔，因为你有Python！

现在轮到property()方法登场了

property()方法？
听起来就让人兴奋。

在面向对象的编程中编写特殊的方法很常见，它们用于值的获取、检测和加工。通常属性不能被直接读取，而是通过特殊的方法产生返回值。

人们将这些特殊的方法称为setter和getter。

getter和setter不是语法或者某种程序语言，而是一种惯例：

如果一个属性需要修改，并不是直接修改属性，而是修改一个特殊的方法。这种方法获取一个值，该值需要被再次检测甚至调整。只有当一切都运行如常时，新的值才会被写入属性。这个方法就是setter。实际上这个方法的名称大多是由set和属性的名称组合而成，如set_temperatur——如果属性名为temperatur的话。

值的读取也可以由一个特殊的方法来实现。例如，通过这个方法进行计算或者换算。如果一个表示温度的值以华氏度的形式存储，那么应该将它返回为摄氏度吗？方法getter()的任务是执行进一步的换算或者格式化，然后返回一个值。getter的名称由get和属性的名称组合而成，如get_temperatur——如果属性名为temperatur的话。

在Python中有可能，更确切地说或许有可能这样操作，但是……

……如果你写入自定义方法，即setter和getter，那么你执行的就不再是原始的属性了，调用也因此发生改变。

首先，如果之后要添加setter和getter，则必须改变所有现有的调用，从而发挥setter和getter的优势。

Python还可以更出色。

Python拥有property()方法。

property()方法展示了所谓的接口，借助它可以将属性的所有访问权限转移到方法上，并且不留痕迹！（这正是绝妙之处！）从表面看，似乎我们直接用属性进行操作！

举个例子？

没问题！为了设置一个新元组，从类Orakel调用属性antworten，看起来就是这样的：

```
mein_objekt.antworten = ("Tu es, Schrödinger!", "Lass es bloß sein",
                         "Überleg dir das noch einmal",
                         "Frag doch lieber deine Freundin")
```

现在是新的调用！

借助property()方法添加自定义方法，从而实现对输入或许还有加工的控制，进行调用后看起来是这样的：

```
mein_objekt.antworten = ("Tu es, Schrödinger!", "Lass es bloß sein",
                         "Überleg dir das noch einmal",
                         "Frag doch lieber deine Freundin")
```

嘿！

太棒了！

这里什么都没变！

在调用方法后有一个自定义方法，你可以从中获取并检测新的数据！

在操作Orakel之前，看一个简单的例子。

比只用setter和getter更好

我们有一个类Spam。它在属性nummer中存储了一个值。

```
class Spam:
    def __init__(self):
        self.nummer = 0
```

它初步看起来就是这样的，但它还会继续操作：

出于安全性考虑，值不可以为负，且必须为整数。为了更加准确，用浮点数进行计算。

使用经典的getter和setter看起来就是这样，当然在Python中也可以实现，但这在Python中并不典型：

```
class Spam:
    def __init__(self):
        self.__nummer = 0*1
    def set_nummer(self, wert):*2
        self.__nummer = abs(wert)*3
    def get_nummer(self):*4
        return int(self.__nummer)*5
```

*1这里对属性进行初始化。特殊的双下划线代表私有——禁止从外部进行访问。

*2这是一个经典的setter。当对变量nummer的值进行修改时，应当使用这个方法。

*3这里开始必不可少的检测，将被检测的值或者说被调试的值赋给属性。借助abs，即绝对值，使所有被传递的值为正。

*4这是getter，可以返回想要的值，也可以进行调试。

*5因为属性（或者它的值）可以是浮点数——也应当保持为浮点数。但是如果需要该值，则应当返回一个整数，从而更好地在getter中使用函数int()。

在Python中调用看起来是这样的：

```
egg = Spam()
egg.set_nummer(-15.5) *1  #对象中的__nummer变为15.5
print(egg.get_nummer())*2
```

*1setter在调用时务必要确切。原先的属性被设置为私有，如果直接访问会导致出错。

*2因为无法读取私有变量，所以必须要使用getter来传递一个整数值。但在对象内部，值仍然和往常一样是浮点数。

【背景信息】

getter和setter也可以在Python中实现，但是操作起来不那么典型。借助property()方法，Python可以提供更好的功能！

噢，那么我怎么用Python的方式操作呢？

可以使用property()方法连接属性（简单来说）。例如：

```
class Spam:*1
    def __init__(self):
        self.__nummer = 0
    def set_nummer(self, wert):
        self.__nummer = abs(wert)
    def get_nummer(self):
        return int(self.__nummer)
    nummer = property(get_nummer, set_nummer)*2
```

*1和上面的类相比，这个带有setter和getter的类几乎没有改变。

*2这里是魔法发生的地方。将property()方法分配给所需的number属性。作为参数，传递一个读取方法和一个写入方法。

另外，对property()方法的调用可以跟在方法定义后。

从外面看上去（和往常一样）似乎你想要直接访问属性，但是如果查看调用的结果，你会发现方法set_nummer()和get_nummer()的值发生了改变：

```
egg = Spam()
egg.nummer = -17.6 # 内部 __nummer 变为 17.6
print(egg.nummer)
```

```
17
```

因此，你不调用任何setter、getter或其他内容，而是使用普通的赋值，并像读取属性一样读取属性。

【背景信息】
事实上Python在幕后操纵了一切，将赋值（或者属性的读取）功能转移给property()方法中的指定方法！

重点！

确切地说，在nummer和__nummer处是两个完全不同的属性！这是Python的一个窍门。通过对property()方法进行赋值，从而转移属性的访问功能。

重点：如果不是两个不同的属性，那么对一个属性访问的转移将一直持续：

访问nummer：转移到nummer：nummer转移到nummer：nummer转移到

……未完待续。

事实上，一个属性和property()方法连接，而另一个完全不同的属性用于实际的值。

可以简单尝试一下：如果两个属性使用相同的名称，你就会收到报错提示：

```
RecursionError: maximum recursion depth exceeded while calling a Python object
```

可以给两个属性nummer和__nummer完全不同的名称。好好试一下：为了方便，nummer不变，给__nummer换一个名称，不管是叫zahl、schrödingers_nummer还是für_die_katz都不会报错！

Python有这样的绝对优势，即可以在方法上操控属性的访问权限，而无须对现有的调用进行更改！因为从外部看，似乎你和往常一样利用属性进行操作！

property()方法和Orakel类——完美搭档！

是时候将所学付诸实践了。现在有一个略有修改且不完整的类Orakel：

*1属性antworten在私有变量__antworten中进行了更名。

```
import random
class Orakel:
    def __init__(self):
        self.__antworten*1 = 'Ja', 'Nein', 'Vielleicht'
        self.alte_antwort = ''

    def weissagt(self):
        while True:
            auswahl = random.choice(self.__antworten*1)
            if auswahl != self.alte_antwort:
                self.alte_antwort = auswahl
                return auswahl

    antworten = property(lies_antworten, neue_antworten)*2
# 这个类还有事情要做！
```

*2方法property()借助getter和setter赋给原来的属性antworten。

这里两个方法作为方法property()的参数被传递，一个用于读取属性antworten，另一个用于新答案的赋值。

这是你现在的任务：

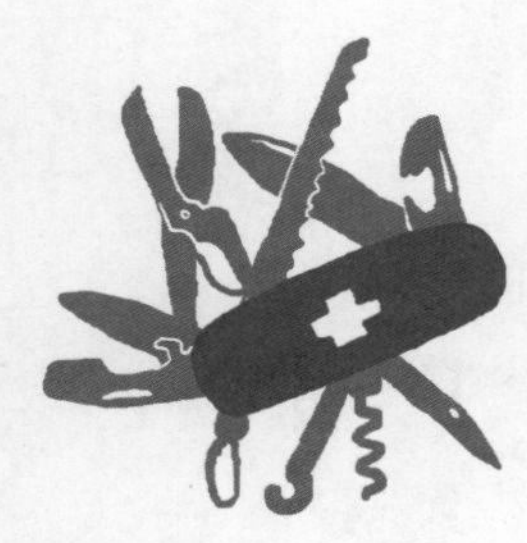

【艰巨的任务】

写入空缺的方法lies_antworten()和neue_antworten()，一个方法用于输出所含元组，另一个方法用于获取新的答案。只有元组或列表才能作为新的值写入属性__antworten。当然，这两个方法应该在调用property()方法之前使用。

这是我的答案！

这是读取属性的方法。这里返回带有元组的属性__antworten：

```
def lies_antworten(self):
    return self.__antworten
```

这里没有其他代码或调整——只是简单地提供包含所有答案的元组。

这是可以设置新答案的方法：

```
def neue_antworten(self, neue_antworten*1):
    if isinstance(neue_antworten, (tuple, list)):*2
        self.__antworten = neue_antworten*3
```

*1在self旁还需要一个其他的真实参数：一个元组或者包含答案的列表。

*2这里对被传递的值进行检测，判断其是否为元组或列表（操作方式相同）。

*3现在立即将新答案赋给属性__antworten！

可以再进行检测，例如在元组中是否至少存在两个，最好三个以上的答案！

【注意】

在类中，需要的两个方法必须要写在方法property()前，并且要保持正确的缩进。

【简单的任务】

实例化一个对象，并对Orakel类进行查询，然后给出新的答案并再次对Orakel类进行查询。

```
ratgeber = Orakel()
print(ratgeber.weissagt())
ratgeber.antworten = ("Jo", "Nö", "Was weiss denn ich?")
print(ratgeber.weissagt())
```

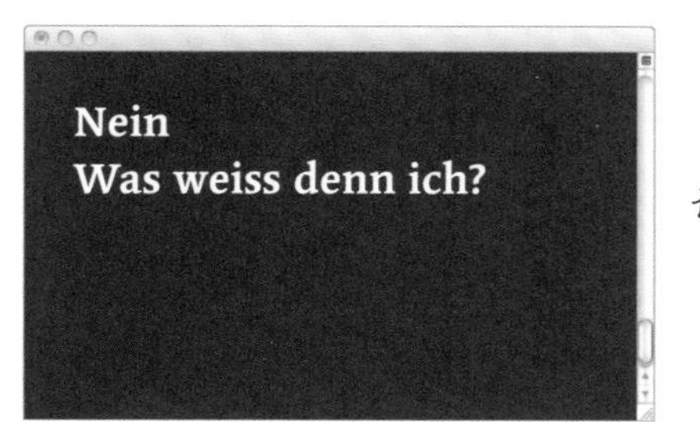

很快就能修改答案，确切地说，真正实现对新答案的控制！

这是一个相当酷的方法，用来引入新的答案。如果这里就到此为止了，Python就太不Python了。

请允许我介绍……

看起来奇怪但性能绝佳的@property装饰器

我现在展示给你的实际和我们刚做的一样，只不过换了一种更好的语法。你可以使用所谓的@property装饰器。与其多说废话，不如直接看一个简单的例子。因为我们不想过度使用类Orakel，所以再次使用类Spam，用@property装饰器执行。

```
class Spam:
    def __init__(self):
        self.__nummer = 0
    @property
    def nummer(self):
        '''Die Property für nummer'''
    @nummer.setter
    def nummer(self, wert):
        self.__nummer = abs(wert)
    @nummer.getter
    def nummer(self):
        return int(self.__nummer)
```

【便笺】
你一定注意到一个点：一个方法有三次同样的名称nummer。每一个“相同的”方法有不同的装饰器——从@可以辨认出，但即使在这里，也会始终出现相同的名称：在这种情况下，它是nummer。

这里发生了什么？

这三个同名的方法的神秘之处在于各自的装饰器，装饰器分别用带@的命令行直接定义方法。

在这个装饰器中有三个变量：

`@property`

这是一个基础命令。这和普通的property()方法调用大致相当。此外，所属方法本身不需要操作，只需存在即可，并设置名称：def nummer(self)。

`@nummer.setter`

这是装饰器，用于确定setter或者说方法，非常简单。

你应该已经猜到了，这个装饰器确定哪一个方法是getter。

还可以更加简单：如果不确定getter，那么带有装饰器@property的方法似乎升级成了getter。当然这个方法必须借助return返回：

```
class Spam:
    def __init__(self):
        self.__nummer = 0
    @property
    def nummer(self):
        return int(self.__nummer)
    @nummer.setter
    def nummer(self, wert):
        self.__nummer = abs(wert)
```

这不仅很妙，而且很精简！

它运行起来和之前一样吗？？？

当然：

```
egg = Spam()
egg.nummer = -42.8 # 这里的__nummer 是 42.8
print(egg.nummer)
```

```
42
```

尽管程序代码进行了改动，但从外部看一切运行正常！

private和protected——也不完全就这些

在面向对象的编程语言中有一个概念——封装。它的意思是，并非每个方法或属性都要（或者允许！）在类的外部进行辨认。还可以限制从外部的访问。

【背景信息】

如果你有一个记账程序，那么你肯定不希望别人轻易改动计算的操作设置，对吧？

和其他编程语言相比，在Python中实施起来并没有那么严格，但可以通过在名称前加一条或两条下划线来控制访问权限，或者至少给出提示，说明某些地方不可以改动。

【便笺】
除非另有说明，否则Python中所有的元素都默认公开，即public——从外部可以直接访问。不需要另外说明。

如果一个属性或者一个方法在名称的开头有一条下划线，那么它就被视为protected。从类（包括派生类）的内部可以访问相应的元素。

关于protected：

如果想访问一个对象，那么从外部看起来会有所不同。虽然你不仅可以读取也可以写入相应的元素，但这是不符合期望的。开发环境的助理Thonny甚至会给出警示。

因此，你具备访问一个元素的可能性。
借助下划线定义名称时需要注意：

1.这种方法不推荐。
2.最主要的是你要弄清你要做什么。

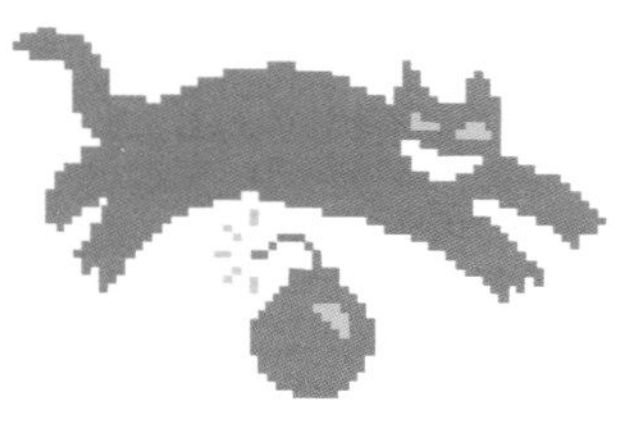

【注意】
在其他编程语言中，protected的含义略有不同：在那些语言中，只有类本身和派生类才能访问受保护的元素。

关于private：

如果一个方法或属性在名称前有两条下划线，那么这个元素就是私有的，即private。可以在类中访问，但不能从外部访问，也不能通过对象访问。

我们来看这个！

*1有一个值，从外部不能读取也不能修改。它是protected，但可能性还是有的。

*2 这个方法是private。它只能在类的内部进行调用。这样也可行，见*5。

```
class Spam:
    def __init__(self):
        self._steuersatz = 7*1
    def __berechne(self, preis):*2
        return preis + preis/100*self._steuersatz*3
    def wert(self, wert):*4
        ergebnis = int(self.__berechne(wert)*5)
        print(ergebnis)
```

*3这里属性_steuersatz被用作计算的一部分。这个属性是protected，当然没问题。

*4方法wert()是公开的，也就是公用的。它用于获取private或protected状态下的方法和属性。

*5这里你可以看到，在类的内部，可以自行获取private状态下的元素。

这个程序很简单。在方法__berechne()中，将指定的百分比添加到值中。所有内容都由唯一的public元素控制，它是唯一可以从外部轻松调用的元素：wert()方法。

【便笺】
所有名称前不带一条或两条下划线的都是public，即公开的，因此是可以公用的。

我们只需要一个合适的对象和调用：

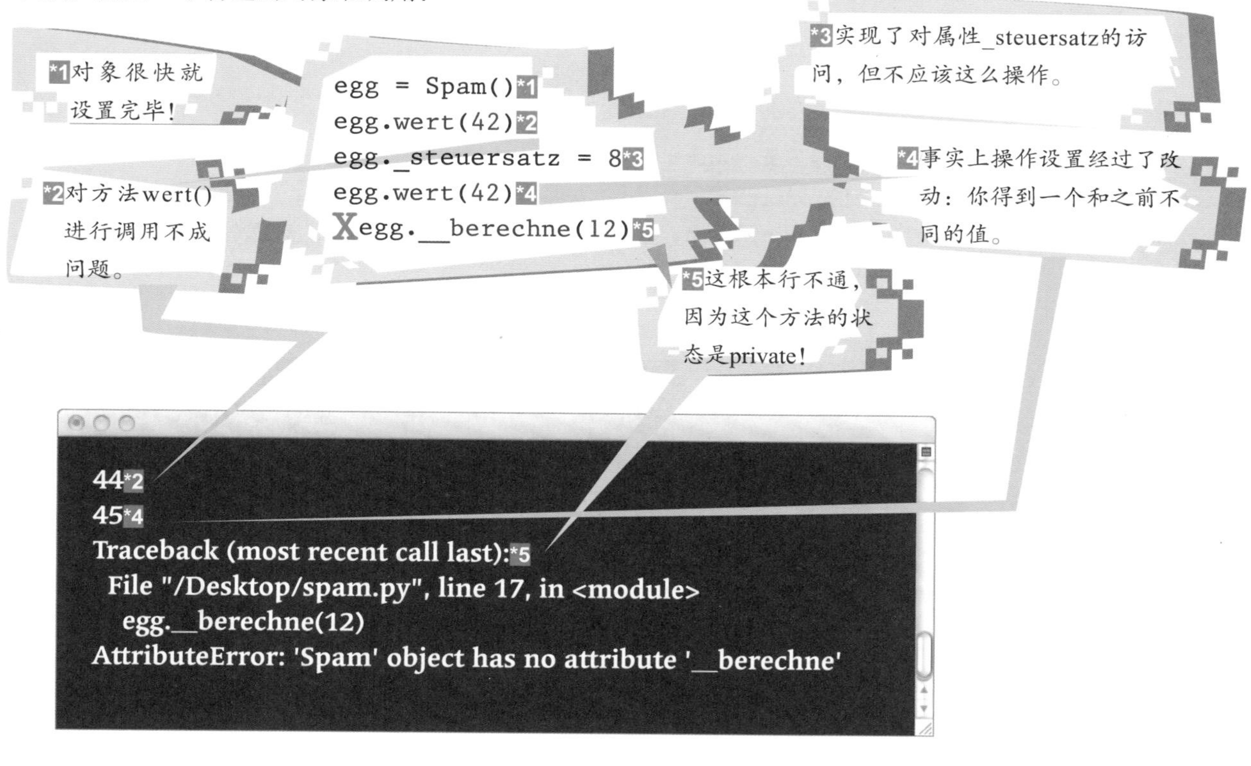

为什么Python不告诉我，

其实不存在方法_berechne()呢？

【注意】

为了防止私有变量被访问，Python有一个窍门：在内部对私有元素进行更名。

借助函数dir()（通过print()函数）将对象egg输出，你会在现有元素中发现某些异样：

你找不到私有方法__berechne()！只有一个状态为protected的方法_Spam__berechne()。方法__berechne()被内部更名为_Spam__berechne！你可以反复访问该方法，但你真的不应该这么做。Python是一门开放的语言，很多责任都由程序员承担。

还有！在public、protected或者private状态下的同名属性（以及普通的变量）是完全不同的元素。确切地说它们没有相同之处：

```
katze = "wilde Katze"
_katze = "Hauskatze"
__katze = "Gefährlich, nicht rauslassen"
print(katze, _katze, __katze, sep=" - ")
```

每个属性代表了各自独立的元素！

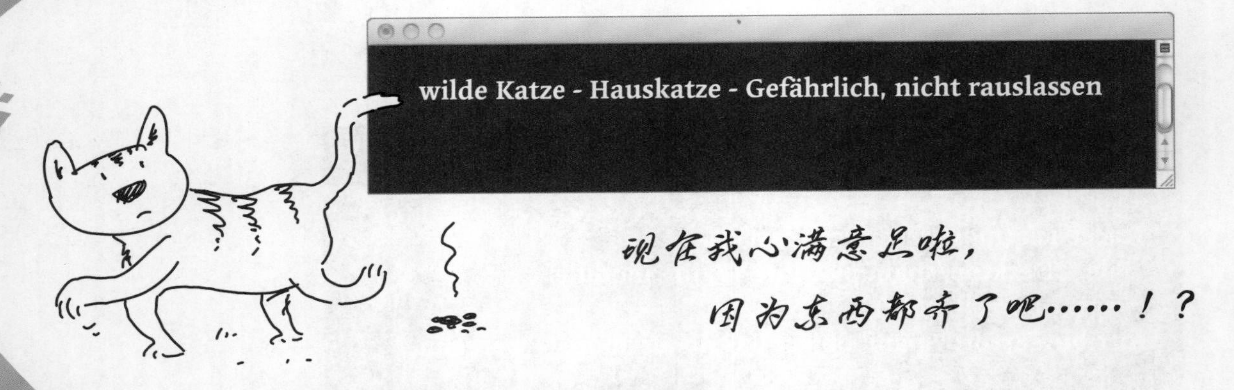

好吧，说实话，还缺一些东西呢：它就是继承！

可重用性和继承

我可以继承财产？

一栋房子？ 还是一辆豪车？

这是关于什么呢？面向对象的编程中重复使用代码很重要。如果代码，尤其是类可以反复使用，那么这会很有帮助。一个类越抽象，那么它用于其他位置的可能性就越大。相似的形式你已经在函数和模块那儿有所了解。

我们的类Orakel非常实用，它可以用于各种情形——你可以想象一下六面体，同样的数字不会连续出现在两面！这种选择必然有很多用途。

一个类的通用性越强，那么它用于其他位置的可能性就越大。
以类Orakel为模型的通用类看起来是这样的：

```
import random
class EinmaligeAntwort():*1
    def __init__(self, eingabe):
        self.alte_antwort = ''
        if isinstance(eingabe, (tuple, list)*2):
            self.antworten = eingabe*3
    def waehle (self):*4
        while True:
          auswahl = random.choice(self.antworten)
          if auswahl != self.alte_antwort:
            self.alte_antwort = auswahl
            return auswahl
```

*1从名称开始：它是通用型的，描述了类的实际功能。

*2对元组或列表进行检测，两者同样有效。

*3这里（因为篇幅限制）缺少的是else。如果没有传递有效数据，会发生什么呢？你可以考虑其他适合的类型：应该使用带标准值的元组呢，还是生成一个错误？

*4 方法的名称也是通用型的，否则这里所有内容都是一样的。

【背景信息】

没有什么比取合适的名称更加复杂了。一个好的名称不仅需要具有说服力，听起来也不能太虚假。这通常比编写程序更加困难。

这个程序是抽象的，因此可以进行多样化使用：

- 名称描述了类的实际任务，并且不能只适用于一个类Orakel。
- 答案不再固定编入程序——你肯定想到类Orakel的第一个版本。

如果一个类是通用型的，那在特殊情况下，它是否并不太有用？

没错。一个通用型的类通常只涵盖基本的功能。在具体情况中通常会缺少一些东西：执行进一步计算或进行其他输出的特定方法，更不用说属性了。

这里就需要进行继承了！

可以从现有的类中生成一个新的类。同时，所有需要的内容保持不变。对于不合适的内容，可以借助新的方法用相同的名称进行覆盖。最重要的是，也可以添加新的属性和方法。

比循环使用更好——从旧类生成新类

想象一下，如果你有一个固定的程序，它能从现有的列表中播放歌曲。这个程序，即播放器，已经成型，只需要按顺序输入编号，即可播放相应曲目。为此只需要提供下一首曲目的数字索引号。

你需要一个类，用于传递曲目的数量。因此，这个类需要按照索引进行传递，同时不允许连续两次传递相同的结果。听起来是不是像我们的神谕之言？至少非常相似。

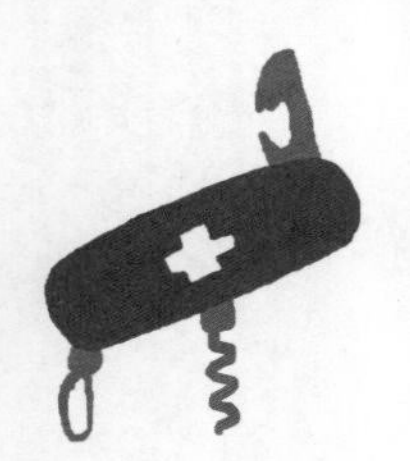

【简单的任务】
想一想，类EinmaligeAuswahl中哪些可以使用，哪些不合适？

好的，我先想一想！

- __init__()方法不太合适。现在传递的是单个数字而不是固定的元组（或者固定的列表）。首先必须从传递的数字中生成一个相应的元组，存储在属性antworten中。
- 方法waehle()可以和之前一样借助属性antworten执行，不需要进行改动。

太棒了！

通常情况下你可以现在进行复制粘贴或者重新编写。但是，每次重新写入程序代码时，必须对它进行测试、检查和修改。

相反，如果你有可以运行且保存完好的程序代码，操作会更加容易！幸亏面向对象的编程有继承功能，你才能使用现成的程序代码，对它进行扩展，并对不合适的方法进行简单修改。

编写一个新类，并将要用作模板的类作为参数传递。例如，如果新类名为TitelAuswahl，那么它最简单的形式看起来就是这样的：

```
class TitelAuswahl*1(EinmaligeAntwort*2):
    pass*3
```

*2这里将类作为参数进行传递，类应当作为模板使用。

*1首先是很常见的类的定义。这个名称肯定赢得不了好评，或许你能想到更好的。

*3这里的pass只是为了保证语法正确，因为没有后续的程序代码。

【笔记】
作为派生类的类TitelAuswahl具有负责传递的底层类（基类）在原始类中所具有的所有功能，即所有属性和方法。

试运行一下，并尝试像旧类那样使用新类：

```
song = TitelAuswahl((1,2,3))*1
print(song.waehle()*2)
```

*1虽然类TitelAuswahl还没有自己的程序代码，但你可以像基类EinmaligeAntwort一样使用它。这时还需要实例化一个元组或者列表。

*2对方法waehle()的调用也和在原始类中一样！

【笔记】
你看，派生类拥有基类的所有属性，和基类的功能也一致——即使没有程序代码也行得通。

现在还要做什么呢?

【艰巨的任务】
你必须要给类TitelAuswahl写一个新的方法__init__()，用于获取一个单独的值作为参数，同时生成一个元组。

大概是这样？

*1 在定义类时必须传递基类，从而使新的类可以继承所有内容。

*2 这是新的方法__init__()，包含了在这个类中需要的代码。

```
class TitelAuswahl(EinmaligeAntwort):*1
    def __init__(self, eingabe):*2
        self.alte_antwort = ''
        self.antworten =*4 tuple(range(eingabe))*3
```

*3 借助range可以从被传递的参数中生成一个数字区间，借助方法tuple()可以生成一个真实的元组。

*4 该元组可以赋给属性self.antworten。

这样就产生了与传递元组时相同的情况。方法waehle()和之前一样没有改变，它从基类中继承和使用。

这里基类的方法__init__()完全被它自己专用的方法__init__()覆盖。基类的剩余部分不需要调整即可继续使用，并且运行时和往常一样。

【艰巨的任务】

实例化一个对象song_liste，从99个曲目中筛选出10首歌曲。

*1 首先实例化一个对象，传递曲目的数量（这里是99首）。

```
song_liste = TitelAuswahl(99)*1
for i in range(10):*2
    print(song_liste.waehle(), end=" ")
```

*2 然后方法waehle()借助循环调用10次，输出每个被选出的曲目相对应的索引。

完成！

【注意】

派生类的改动完全不会对基类产生影响。相反，你要注意，在没有对派生类可能产生的影响进行检测的情况下，作为基类使用的类不应该再被改动。和往常一样，可以对基类进行扩展！

super真的很棒

每个类都可以有一个方法__init__()，当实例化一个新的对象时对它进行调用。

到目前为止，一切都应该很清楚。

没错！

不过它也可以在派生类中使用，不仅需要自定义的__init__()方法，也需要派生类的__init__()方法！

从理论上看一下：

*1这是原本的类。

```
class Original:*1
    def __init__(self):
        print("Schrödinger!")
class Abgeleitet(Original):*2
    def __init__(self):
        print("Der Täter war:")
lösung_des_falls = Abgeleitet()
```

*2类Abgeleitet是从类Original中产生的派生类。

```
Der Täter war:*3
```

*3这里很明显：还缺少什么！如果还可以访问原始类的__init__()方法，那就太好了。

到目前为止都很清楚。只使用了新类的方法__init__()。

为了解决这种情况，有必要调用原始类的方法__init__()。事实上用super就能轻松解决：

*1这里借助super调用原始类的方法__init__()！参数是自定义类的名称，当然还有我们的self。

```
class Original:
    def __init__(self):
        print("Schrödinger!")
class Abgeleitet(Original):
    def __init__(self):
        print("Der Täter war:")
        super(Abgeleitet, self).__init__()*1
lösung_des_falls = Abgeleitet()
```

```
Der Täter war:
Schrödinger!*2
```
（肇事者是薛定谔）

*2情况已被解决：两个__init__()方法都被调用，肇事者已确定！

【便笺】
即使你在第一时间可能用不上super，它也是一个比较重要的结构，你在许多案例中将会遇到！

静态属性和方法

通常你需要一个（或多个）对象，从而可以用类进行操作。但是也存在静态属性和方法，它们无须实例化对象也能运行。它们就是所谓的类属性（有时也称为类变量）和类方法。

这个名字听上去似乎它们是类而不是对象。与此相应，对象的普通属性（你目前为止所使用的）和方法称为实例属性（有时也称为实例变量）和实例方法。

它有什么好处呢？

在类属性上可以得到最好的展示。

每个对象都代表了其自身，它们完全独立于同一个类中的所有其他对象，但这样会导致对象对彼此一无所知。

想象一下下面的情形：在类Orakel中有很多对象，你想知道所有对象总共有多少种答案。要做到这一点，每个对象都必须存储各自答案的数量，然后你要遍历所有对象并查询其数量。

不能简单些吗？比如存在一个计数器，可以在其中访问所有对象，同时可以从外部查询？

用类属性确实可以实现。在这个类中对每个对象都有访问权限。它可以读取值，也可以修改值。改动以后会再次公开可见。

使用类属性非常简单：你需要一个属性，它正常在类中进行定义（不需要在方法内部，也不需要__init__()方法）。

同时：

在这种情况下，定义名称时不需要在前面加 self!

可以随时借助类的名称和属性名访问属性，当然要用点号分隔：Klasse.attribut。

看起来如下所示：

*1一个非常普通的类。

```
class MachWas:*1
    zaehler = 0*2
    XMachWas.andererZaehler = 0*3
```

*2这里有一个类属性，它被赋予了任意值。

*3这样行不通：虽然稍后会通过类的名称进行访问，但是在初始化时还不能找到类的名称，所以会导致报错！

现在还有一个方法，用我们的计数器：

*1这是姓名程序：这里任何有意义的事都可能发生。

```
def aufruf(self):
    print("Ich tu mal irgendwas...")*1
    MachWas.zaehler*3 += 1*2
```

*3在访问时必须显示类的名称，只有这样Python才知道这表示类变量。

*2类变量的值MachWas.zaehler在每次调用后加1——不管从哪个对象进行调用！所有对象的值都相同。

借助不同对象进行调用，如下所示：

```
print(MachWas.zaehler)*4
ein_objekt = MachWas()*1
ein_objekt.aufruf()*2
anderes_objekt = MachWas()*1
anderes_objekt.aufruf()*2
print(MachWas.zaehler)*3
```

*1这里有两个对象，它们从同一个类中被实例化。

*2方法aufruf()被每个对象使用一次。当然你可以操作任意次。

*3这里类属性的值被输出——实际值为2！

*4现在让我们仔细看看：一个类变量是存在的，并且可以在实例化对象之前使用！

```
0*4
Ich tu mal irgendwas...
Ich tu mal irgendwas...
2*3
```

【背景信息】

事实上，除了类属性MachWas.zaehler，还自动产生一个实例属性self.zaehler，你可以对它进行访问。Python将两者进行了连接！只要你不给实例属性赋新的值，它就始终保持和类属性同样的值。

别担心，薛定谔！现在你已经全副武装，准备好真正开始使用Python中面向对象的编程了。当然，未来你还会学到一些其他的知识。

或者这里还需要简短陈述一下静态方法。就像存在属于类的类属性一样，同样也存在无须实例化对象即可使用的方法。这就是静态方法。最简单的方法就是使用@staticmethod装饰器。这将使后面的方法成为静态方法。

*1装饰器将下面的方法转换为一个类方法。

```
class Spam:
    @staticmethod*1
    def ausgabe(*3wert):*2
        print(wert)
Spam.ausgabe("Hallo Schrödinger")*4
```

*2这就是你的第一个类方法！

*4接着调用类方法，并且传递一个字符串。

*3因为类方法独立于对象，所以也不需要参数self!

```
Hallo Schrödinger
```

staticmethod()也可以作为函数调用：

*1这里还缺少装饰器。这里self也不能使用——缺少对象关系。

```
class Spam:
    def ausgabe(wert):*1
        print(wert)
    ausgabe = staticmethod(ausgabe)*2
```

*2这里staticmethod()代替装饰器作为函数使用，方法被声明为静态方法。

然而通常情况下都是借助装饰器进行操作。

对了，薛定谔，一个静态方法好比一条捷径，可以快速使用类中的一个或多个方法，不需要提前连接一个对象。也许你使用类属性的频次要高于类方法。

你学到了什么？我们做了些什么？

让我们做个简短的总结：

面向对象的编程并不只是一种新的语法。它还包含了许多有用的概念。

类可以有不同的（任意多的）属性和方法。类是具体对象的模型（或者框架）。从每个类中都可以生成不同的（任意多的）对象，也就是实例化过程。

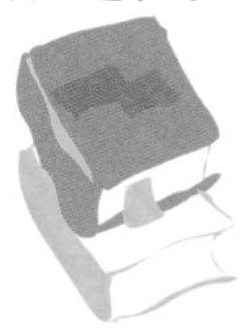

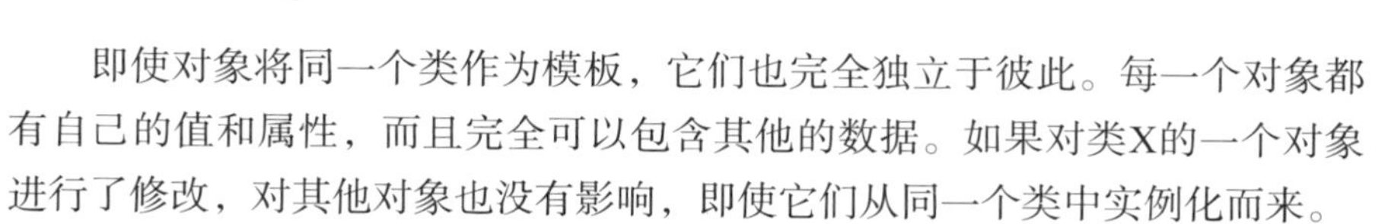

即使对象将同一个类作为模板，它们也完全独立于彼此。每一个对象都有自己的值和属性，而且完全可以包含其他的数据。如果对类X的一个对象进行了修改，对其他对象也没有影响，即使它们从同一个类中实例化而来。

对象的属性是持续存在的，它们不仅是在方法调用时存在，还可以从对象实例化开始到程序结束一直存在。

可以访问一个对象的属性。用getter和setter方法控制访问权限更加安全可靠。借助property()方法更加理想，也更能体现Python的风格。通过操控方法来访问属性，不需要特意去关注方法！

每个类都有一个特殊的方法__init__()，它在实例化过程中被调用一次。这样你可以直接在设置对象时执行重要的任务（或者其他方法）。

参数可以被传递到每个方法中。借助参数的其他操作和往常一样。接下来还有封装：属性和方法可以设置为protected或private。这样就能操控这些元素的访问权限。

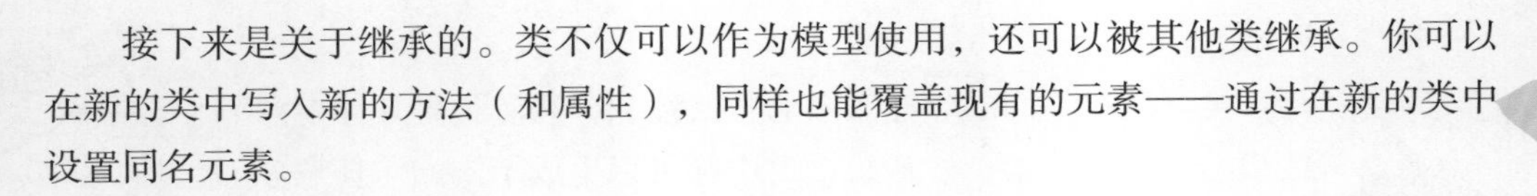

接下来是关于继承的。类不仅可以作为模型使用，还可以被其他类继承。你可以在新的类中写入新的方法（和属性），同样也能覆盖现有的元素——通过在新的类中设置同名元素。

不要忘了静态属性和方法，它们可以在没有对象的情况下使用。

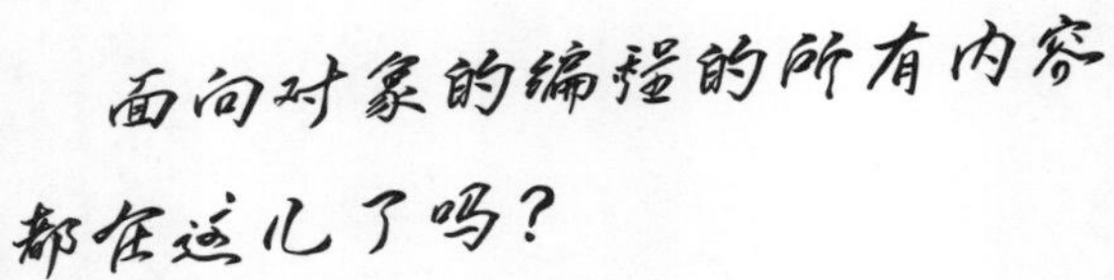

这里已经包含了很大一部分了，

但是关于面向对象的编程内容可以写上好几本书。它是编程中内容最多的领域之一，后面你还会认识一些其他的领域。现在你已经有相当深厚的基础了！

—第三章—

薛定谔的时间机器

日期、时间和时间差

时间戳、日期和时间计算——即使你知道时间，但在程序中时间会有所不同。Python不仅可以执行被写入的程序，而且可以通过Python-Shell提供一种非常特别而又实用的方法来快速执行代码。但是，时间戳究竟是什么？为什么它在和时间的角逐中很有帮助呢？

时间机器

为了正确处理日期、时间和不同的时间差，自然需要一个合适的时间机器。为此，Python提供了datetime模块。

因为和时间有关的事情一般会比较复杂，所以这个模块中存在不同的类来应对不同的任务：

- date提供了所有处理不同日期的属性。
- time提供了所有处理时间的属性，即小时、分钟和秒。
- datetime在需要同时处理日期和时间时会派上用场。
- timedelta是时间机器一个非常特殊的部分，它可以计算两个时间之间的时间差。

今天是几日？今年是哪年？——date

这是任何一个旅行者都会提出的经典问题。用date很快就能找到答案！

```
from datetime import date*1
print(date.today()*2)
```

*1只要调用真正需要的模块。这里需要从模块datetime中调用date。

*2借助方法today()可以获知现在是哪一年的哪一天。

当然在你那里输出的是一个不同的日期，确切地说是计算机中的实际日期。

```
2020-07-19
```

使用占位符对日、月、年进行格式化

下面的所有占位符都可以直接在方法strftime()传递的字符串中使用。只需要一个有效的日期对象。

顺便说一下格式化：

Python用英文写入strftime生成的单词（日期）。大多数占位符无法区分，因为它们都是数字。但最迟到输出Sunday或Monday时，就该修改语言设置了。

这时需要locale模块和setlocale()方法：用于告知Python，你希望设置为哪个国家/地区。如果想用德语环境，则可以指定'de_DE'：

```
import locale
locale.setlocale(locale.LC_ALL, 'de_DE')
```

一旦设置完成，在输出时，Python就会用德语进行操作！

太棒了！

那么日期对应的缩写有哪些呢？

我帮你记录了一些最重要的缩写。字符串中缩写的顺序和数量并不重要，甚至连作为参数传递的文本，实际也可以是任意长度。

在表格左侧一列是缩写，中间一列是简短的描述，右侧一列是用德式日期19.07.2020（2020年7月19日，随机选择）进行举例。

缩 写	描 述	举 例
%a	星期几的简写	So
%A	星期几的完整形式	Sonntag
%b	月份的简写	Jul
%B	月份的完整形式	Juli
&u	星期的数字形式，从周一到周日对应数字1～7	7
%w	星期的数字形式，从周日到周六对应数字0～6	0
%d	日期的数字形式，1～9前加0	19
%-d	日期的数字形式，1～9前不加0	19
%m	月份的数字形式，1～9前加0	07
%-m	月份的数字形式，1～9前不加0	7
%y	两位数的年份	20
%Y	四位数的年份	2020
%j	三位数表示的一年中的第几天，不足三位数时在前面加0	201
%-j	三位数表示的一年中的第几天，不足三位数时在前面不加0	201
%V	数字表示的一年中的第几周，第一周从周一开始，在当前年份中至少要有四天	29
%W	数字表示的一年中的第几周，周一作为一周的开始。用00表示一年中没有周一的第一周	28
%U	周日作为一周的开始，其余和%W一样	29
%x	德语格式的日期	19.07.2020
%%	这只是文本中的一个%	%

调整日期——而不是搅乱

请用实际的日期重复以下输出。这里还是用神秘的（随机选择的）19.07.2020进行展示。

【简单的任务】
看下面的输出，用实际的日期输出。

```
%19.07.2020%
Jul ist die Kurzform von Juli!
Der 19.07.2020 war der 201. Tag dieses Jahres.
```

我看看，

应该难度不大！

```
from datetime import date
datumsObjekt = date.today()*1
import locale
locale.setlocale(locale.LC_ALL, 'de_DE')*2
```

*1 你对这一部分应该不陌生了。首先调用date，然后将今天的日期作为日期对象进行赋值。

*2 这里全部转换成德语模式。

```
datumsObjekt.strftime("%%%x%%")
datumsObjekt.strftime("%b ist die Kurzform von %B!")
datumsObjekt.strftime("Der %x war der %j. Tag dieses Jahres.")
```

完成！虽不是什么神奇的工具，但也不显得老套！这里由于空间限制，省略了print()函数。

然而date还有很多功能和许多有用的方法。

你只需要日、月还是年？借助day、month和year属性可以精准获取一个日期对象中的某个信息。试一试：

```
heute = date.today()
print(heute.day)
print(heute.month)
print(heute.year)
```

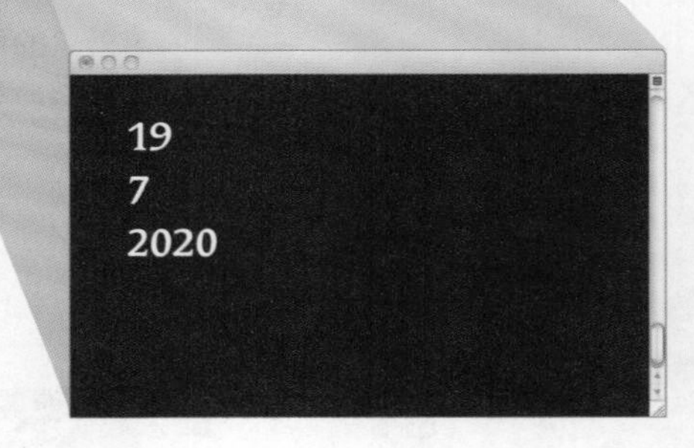

每次返回的都为整数值，你甚至可以用它进行计算。

但还不止这些。你还可以直接将日期对象输出，将星期作为数字输出，在weekday()中，从周一开始，起始数字为0；在isoweekday()中，周一为1，周日为7：

```
print(heute)
print(heute.weekday())
print(heute.isoweekday())
```

借助isocalender()方法从日期对象中获取一个带年份、周数和日期的元组：

```
print(heute.isocalendar())
```

一个带有三个整数值的典型元组：年、周、日。

*1 这个数字代表了一年中的第几周，你在日历中应该已经见到过相似的格式。

是时候修改时间了

或者至少修改日期对象。借助一些方法处理起来会很简单。让我们开启时间之旅吧。

先设置一个日期，确切地说是一个合适的日期对象。我们任意挑选一个日期，如24.12.2042。

24.12？
这是什么日子？

没错，
圣诞节！①

借助date将年、月和期望的日期作为数字进行传递非常简单，其中以逗号分隔。

```
weihnacht = date(2042, 12, 24)
print(weihnacht)
```

……圣诞节（至少作为日期对象）就设置完成了！

你肯定经常看到作为字符串的日期显示为所谓的Iso-Format格式（在计算机上经常使用）。在日期对象中进行转换很容易：

```
weihnacht = date.fromisoformat('2042-12-24')
print(weihnacht)
```

正好又逢圣诞节，
这简直就是巧合。

2042-12-24

①原书有误，应为平安夜。其余各处均如此。——译者注

另外，借助datetime模块无法随意在过去和将来之间进行穿越。可以借助属性min和max对上限和下限日期进行查询：

```
print(date.min)
print(date.max)
```

```
0001-01-01
9999-12-31
```

那么怎么修改日期呢？

你指的是日期对象吗？

借助replace()方法可以传递1~3个参数：年、月、日。如下所示：

```
alte_weihnacht = weihnacht.replace(1999, 12, 24)
```

现在已经来到了1999年12月24日。

replace()方法没有改变日期对象，而是返回了一个新的日期对象。可以将新的日期对象重新赋给原来的（或者新的）变量。不一定总是传递3个参数，可以借助year、month和day这3个关键字只显示年和月，或者只显示年，或其他想要的参数：

```
keine_weihnacht = weihnacht.replace(year=1999, month=12, day=31)
```

借助关键字的方法非常实用，即使这一天不再是圣诞节。

你已经知道：只要用键值对，即Key-Values处理参数，那么参数写入的顺序和传递的参数数量就无关紧要了。

【简单的任务】
将这一年的圣诞节改到2021年，然后生成这一年的除夕（12月31日）。

这是最简单不过的练习了！

*1这里只需要修改年份，没有关键字year也能行得通。

*2年份和月份相同，故只需要设置日期。

```
weihnacht = weihnacht.replace(year=2021)*1
silvester = weihnacht.replace(day=31)*2
```

还剩下多少时间

甚至可以用两个日期对象相减，从而确定相差的时间。这非常简单。

【简单的任务】
干脆用现成的值继续操作，用weihnacht和silvester相减（经典的减号）。将结果赋给一个变量，然后输出该变量。

我已经跃跃欲试了！

```
tage_dazwischen = silvester - weihnacht
print(tage_dazwischen)
```

```
7 days, 0:00:00
```

你已经得到了两个日期对象之间的时间差，可惜显示的是英文形式——即使你使用了setlocale。

不过，圣诞节和除夕夜之间不是相差了7天吗？

的确如此。确切地说并不是这两个日期之间的天数，而是两个日期中同一时间点（00:00点）之间的时差，这样得出的结果就是7天。

此外，这个结果是一个来源于模块datetime对象，即timedelta，它是关于两个日期之间的时间差。你可以用这一结果继续进行计算。你可以将tage_dazwischen，即时间差，加到某个时间点上或者从中减去：

```
print(silvester - tage_dazwischen)
print(weihnacht + tage_dazwischen)
print(date(2020, 7, 19) + tage_dazwischen)
```

```
2021-12-24
2021-12-31
2020-07-26
```

修改时间能这么快……

为了弄清时间差，必须将时间对象和另一个时间对象相减。时间差可能为正数，也可能为负数。将值silvester和weihnacht用不同的顺序进行尝试：

```
print(silvester - weihnacht)
print(weihnacht - silvester)
```

```
7 days, 0:00:00
-7 days, 0:00:00
```

没问题！如果用更早的日期减去更晚的日期，那么时间差则为负数。

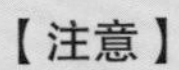

【注意】
不能将两个时间对象相加，因为无法生成时间差！

现在看来都很棒，但是不是少了什么呢？

没错！到目前为止，只使用了日期。还没有处理小时、分钟和秒。

借助time处理小时、分钟和秒

在模块datetime中还存在一个相应的类time。它提供了所有精确处理小时和分钟的属性。

好在：用time操作和date类似。

借助time可以描述任意一天24小时的所有分钟、秒，甚至微秒。这一天和日期相互独立。

【背景信息】
正如date是一个没有时间的日期一样，time也是一个没有日期的时间！

它可以帮你轻松创建任意时间：

```
from datetime import time*1
jetzt = time(hour=12, minute=35, second=42, microsecond=123456)*2
print(jetzt)
```

*1这里调用下面的例子中所要用到的重要模块。

*2这里创建一个新的时间对象。所有信息，即小时、分钟、秒和微秒，可以自由指定。

```
12:35:42.123456
```

【便笺】
如果小时、分钟或者秒小于10，则可以不用将十位数加0。

可以不用关键字指定参数：

```
jetzt = time(12, 35, 42, 123456)
print(jetzt)
```

```
12:35:42.123456
```

所有时间的信息都是任意的——值在没有使用关键字的情况下，一定要按序排列。如果你没有设置任何信息，那么所有的元素都为0。

没有给定任何时间的极端案例看起来是这样的：

```
null_zeit = time()
print(null_zeit)
```

什么都没有，自然不会呈现很多信息。除了00:00:00什么都没有。不过至少我们完成了时间对象的命名，即null_zeit。

```
00:00:00
```

【便笺】

小时的参数显示为0~23的数字，分钟和秒的参数显示为0~59的数字。小时没有24，分钟和秒也没有60。微秒最大可以为6位数，即最大为999 999。

可以借助fromisoformat()方法创建一个时间。将字符串以'00:00:00'的形式作为参数传递，如果需要显示微秒，则使用'00:00:00.000000'的形式：

```
time.fromisoformat('12:35:42')
time.fromisoformat('12:35:42.123456')
```

借此创建一个时间对象，可以用最简单的方式输出，或者赋给一个变量用于继续操作。

【注意】
在fromisoformat()方法中时间的各个部分都要写成两位数的形式（一直到微秒处），否则就会报错。

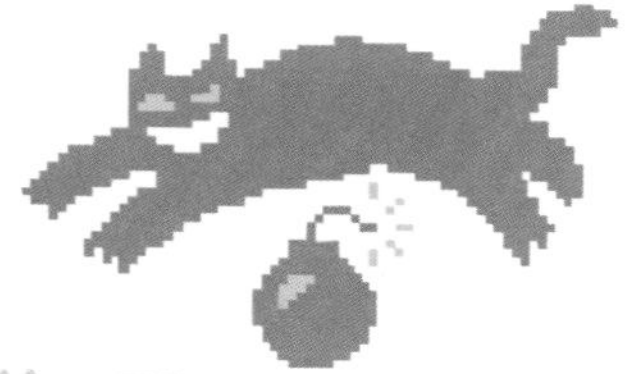

还有时间喝一杯斯佩尔特咖啡吗

如果有一个时间对象，那么就可以对属性hour、minute、second、microsecond分别进行赋值。各项值都为整数值，这些值可以用于任何计算。这和date非常相似：

```
print(jetzt.hour, jetzt.minute, jetzt.second, jetzt.microsecond)
```

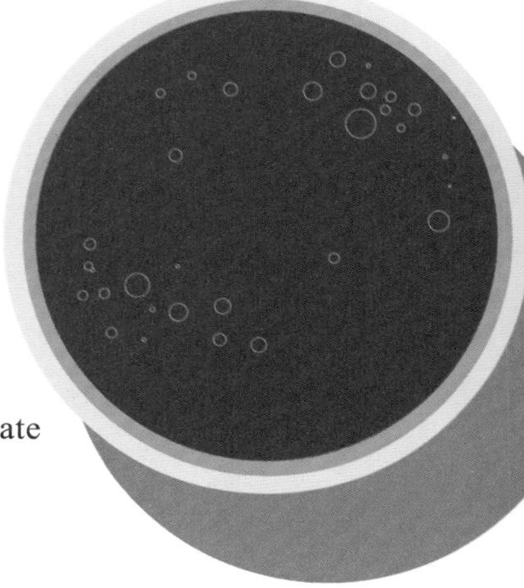

你只能读取属性，不可以为了控制时间直接进行写入。这里还需要用到在date那里用到的方法replace()。

```
jetzt.replace(hour=7, second=9)
```

这样设置小时和秒。

你已经看到了：replace()方法并没有改变各个时间对象，而是返回了一个新的时间对象。你可以将它输出并赋给一个新的变量，或者作为实际的时间赋给已有的对象jetzt。

```
jetzt = jetzt.replace(hour=7, second=9)
print(jetzt)
```

终于又有足够的时间了——
又到了某个未知一天的清晨。

```
07:35:09.123456
```

当然，也可以借助方法strftime()和不同的缩写对时间进行格式化输出：

缩写	描述	举例
%H	从00到23小时，0～9前加0	14
%-H	从00到23小时，0～9前不加0	14
%I	从00到12小时，0～9前加0	02
%-I	从00到12小时，0～9前不加0	2
%p	上午或者下午	pm
%M	分钟，两位数形式	42
%-M	分钟，不足两位数时前面不加0	42
%S	秒，两位数形式	07
%-S	秒，不足两位数时前面不加0	7
%f	微秒，六位数形式	000000
%X	大写的X代表本地的实际时间	14:42:07

是时候对时间进行格式化了

和日期一样，时间也有相应的缩写。例如：

```
spam.strftime("Das ist ein Text für die Uhrzeit %H:%M.")
```

spam是一个时间对象，它从time中产生。

【简单的任务】

借助strftime()方法生成以下输出。

```
Es ist jetzt 17 Uhr 03.
Um 23 Uhr und 55 Minuten betrat der große Schrödinger den Raum.
```

我会这样做：

```
from datetime import time
print(time(17,3).strftime("Es ist jetzt %H Uhr %M."))
print(time(23,55).strftime('Um %H Uhr und %M Minuten \
betrat der große Schrödinger den Raum.'))
```

并没有那么难！

因此，还有一项稍微复杂的任务：编写一个小程序，可以输出实际的时间，并且单独输出白天的时间。根据上午、傍晚和深夜分别进行不同的输出：

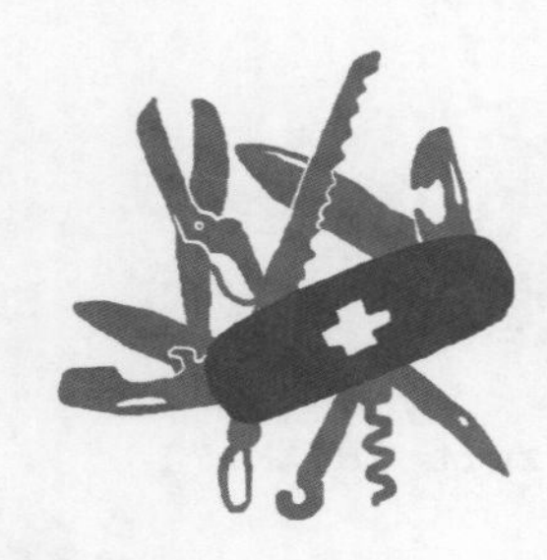

【艰巨的任务】

从22点到早晨7点30是你夜间睡觉的时间。从7点30到17点是工作的时间，17点以后是下班时间。

下班时间不能提前吗？

我是不是该使用实际的时间？

没错！time本身不会直接向你提供查询实际时间的方法。模块datetime中datetime的now()方法可以帮到你：

```
from datetime import datetime
print(datetime.now())
```

其中还有一个名为time的方法，它可以帮你获取没有日期的单纯时间：

```
print(datetime.now().time())
```

```
18:47:01.492940
```

任务的答案看起来差不多是这样的：

```
from datetime import datetime, time*1

jetzt = datetime.now().time()*2
morgens = time(7,30)
abends = time(17)
nachts = time(22)*3

print(jetzt.strftime("Es ist jetzt %H Uhr %M.")*4)
if jetzt >= nachts or jetzt < morgens:*5
    print('Du kannst noch schlafen')
elif jetzt >= abends:*6
    print('Feierabend')
else:*7
    print('Tu was, Schrödinger')
```

*1需要模块datetime中的datetime和time两个类。

*2这是实际的时间对象。

*3这里定义时间，以划分一天中不同的时间段……

*4……然后就能完美地输出真实的时间了。

*5如果实际的时间介于夜晚到早晨之间，那么就会建议进行睡眠。

*6……否则就会检测是否到了下班时间，然后会给出相应的建议。

*7这里也会检查，是否满足jetzt（现在）>morgens（早晨），因为这里已经没有其他可能，不带任何条件的else就足够了……

```
Es ist jetzt 04 Uhr 37.
Du kannst noch schlafen
```

（现在是04:37。
你还可以再睡会儿。）

不同的时间结果也会有所不同，比如这样：

```
Es ist jetzt 12 Uhr 45.
Tu was, Schrödinger
```

（现在是12:45。
做些什么吧，薛定谔。）

或者这样：

```
Es ist jetzt 21 Uhr 05.
Feierabend
```

（现在是21:05。
下班时间。）

当然，也可以尝试手动设置一个任意的时间：jetzt = time(21,5)。

模块datetime中的date和time我们已经进行了足够的分析。这个模块还有一些其他功能。虽然名字显得有些不适宜，但是datetime模块中的datetime类（没错，它们的名称相同……）还可以对日期和时间进行组合。

允许datetime从datetime中调用

说实话，这个名称实际上并不奇怪——它清楚地描述了自己的用处：显示日期和相应的时间。

当从类datetime中生成实际时间时，你就已经看到了这一点：

```
print(datetime.now())
```

```
2020-07-19 18:45:29.659833
```

在获取实际日期的同时也获取了时间。当然，你那里的输出肯定和这里不同（为实际时间）。

【背景信息】
实际上在很多使用情况下，要么只能操作时间，要么只能操作日期——可以用date和time简单快速地解决，而datetime则是时间全能手，它可以提供时间和日期涵盖的所有内容。

所以在使用datetime和方法strftime()时，可以使用日期和时间对应的所有缩写：

*1确实需要从模块datetime中调用datetime。

*2相对于单纯的时间，也可以输出日期。记得激活模块locale，并且设置德语环境。

```
from datetime import datetime*1
import locale*2
locale.setlocale(locale.LC_ALL, 'DE_de')
wann = datetime.now()*3
print(wann.strftime('Am %A, den %d. um %H Uhr und %M Minuten '+
'betrat der große Schrödinger den Raum.')*4)
```

*3这里从datetime中设置一个带有实际时间的对象。

*4借助strftime()方法输出时间和日期。

Am Sonntag, den 19. um 18 Uhr und 45 Minuten betrat der große Schrödinger den Raum.

（19日星期日。下午6点45分，伟大的薛定谔走进房间。）

但这还不是全部！

比任何预言都好——借助strptime()方法读取时间

除了strftime()方法之外，如果没有一种方便的方法从字符串中读取时间，并将其传输到适当的时间对象，这就不是Python了。秘密武器有一个（相当少）好听的名字——strptime，它属于datetime模块中的datetime。

和strftime()方法从时间对象中生成字符串一样，strptime()方法也能借助指定的缩写从被定义的字符串中读取时间。两种方法都使用如%d或%w的字符串缩写作为模板或模式。

在最简单的情况下，它看起来是这样的：

```
from datetime import datetime
spam = "19.7.2020"*1
eggs = "%d.%m.%Y"*2
zeit*4 = datetime.strptime(spam, eggs)*3
print(zeit)
```

*1这是一段文本，它包含了固定模板的时间或日期。

*2这里借助缩写设置模板。当然，字符串可以直接传递到方法strptime()中。

*3这个方法包含了被检索的文本和作为参数的模板，同时返回……

*4……一个新的时间对象，这里被赋给一个变量。

```
2020-07-19 00:00:00
```

【注意】
带有时间的文本必须和缩写模板保持一致，否则会导致ValueError。当然，可以为此编写一个普通的错误处理程序。

可以将带有时间的相应文本段提前从文本中剪切出来，只处理相关的文本段。

我们一起尝试一下！

在实际应用中查找日期和时间

你有一些带有相同时间格式的不同文本。这一文本（不同的时间）保持这样的格式：

"Geschrieben Dezember 2021, 24. um 20 Uhr."

你可能需要从下面这样的文本中提取日期：

```
text = '''Ein weiterer Tag im Dschungel!
Geschrieben Juli 2020, 19. um 10 Uhr. Die Hitze war mörderisch. Meine
letzte Dinkelcola war getrunken, alle Eiswürfel waren verbraucht.'''
```

表示日期和时间的本文被加粗。

你可以借助模块re用规范的表述从整段文本中剪切出这一部分。规范的表述是指变量的检索模板，可在《漫画学Python：完美实践》的第五章中详细学习。

```
import re
suche = "Geschrieben.*?Uhr."*1
treffer = re.search(suche, text)*2
print(treffer[0]*3)
```

1 这是一个检索模板，借此可以找到以Geschrieben开头、以Uhr结尾的文本段。“.?”代表任意的符号，但要尽可能少。

*2 借助re.search()方法对检索模板和被检索的文本进行操作。

*3 在treffer[0]中找到检索结果。

```
Geschrieben Juli 2020, 19. um 10 Uhr.
```

【简单的任务】
从检索结果中提取正确的时间和日期。

*1 必须对datetime进行调用，所有内容都要被设置成德语。

*2 这里模板被赋给一个变量，这不是强制的，但会使代码更加清晰。

我们打算……

```
from datetime import datetime
import locale
locale.setlocale(locale.LC_ALL, 'DE_de')*1
zeitMuster = "Geschrieben %B %Y, %d. um %H Uhr."*2
zeitObjekt = datetime.strptime(treffer[0], zeitMuster)*3
print(zeitObjekt)*4
```

*4 结果已经得出：一个时间对象，我们可以对它进行进一步的处理！

*3 从规范的表述得来的结果和时间模板被传递给strptime()方法。

```
2020-07-19 10:00:00
```

实际上datetime包含了date和time的所有功能——使时间和日期组合在一起！

大型电影院——Unixtime和The Epoch

datetime模块总是和日期相关，或者说时间对象及其呈现形式的。你已经看到了，一个日期可以有不同的呈现形式。还有一种形式比你见过的所有形式都要奇怪：

它就是时间戳！

时间戳，也称为Unixtime或seconds since the epoch（从Epoch以来的总秒数），是用秒表示的时间，确切地说，是从The Epoch开始所经过的秒数。

什么是The Epoch呢？

在计算机中Epoch是一个特定的时间，从一个时期或纪年开始计时。时间戳是指1970年1月1日00:00:00。计算机系统也可以从其他时间点开始计时，但时间戳的时间是固定的。所有计算机的时间戳都是相同的！

好出色的工具！

在Windows系统中也一样吗？

当然！所有计算机都有时间戳。虽然使用正常时间，如24.12.2022或者31.12.2021进行计算并不一定有多直观（至少在没有Python的情况下），但是用时间戳来计算显然更简单。你是不是想知道一个文件有多旧？那么你只需要文件的时间戳和实际的时间——以时间戳的形式。然后只需做一个简单的减法运算，你就可以精确到秒地知道文件有多老！这是一种简单的秒数计算。

时间戳的每一天有24个小时。转换成秒就是24小时*60分钟*60秒。这样每一天就是86 400秒（没有误差的理想状态）。

我怎么设置时间戳呢？

你需要一个时间对象，然后借助timestamp()方法创建时间戳。例如，借助datetime.now()方法获取的实际时间看起来是这样的：

*1借助方法链将方法timestamp()附着在时间对象上。

```
from datetime import datetime
aktuelleUnixtime = int*2(datetime.now().timestamp()*1)
print(datetime.now(), aktuelleUnixtime)*3
```

*2Python借助timestamp()方法不仅返回秒数，还返回我们根本不需要的微秒数。用int将其省略……

*3……然后将实际的时间输出为时间戳。当然，也可以单独输出时间。

```
2020-07-19 14:42:07.125660 1595162527
```

当然，你的日期和时间要有一个其他的（实际）值。

优点很明显——用时间戳指定时间非常直观，借助它进行计算也很容易。

最后一次修改在什么时候

借助时间戳可以确定一个文件最后一次被修改的时间，借此你可以算出改动时长。这对旧文件的备份和旧日志文件的删除很有帮助。

我怎么获取改动时间呢？

我应该使用哪个文件？

模块os和path()、getmtime()这两个方法可以帮助读取文件的改动时间。最简单的方法就是用你正在处理的Python文件进行尝试。这样你就不需要输入路径，只需要自己指定文件名即可。如果文件和实际运行的Python文件在同一个文件夹里，那么也只需要指定文件名而不需要指定路径。例如，你的程序如果叫作berechneZeit.py，则可以这样获取改动日期：

```
import os
geaendert = int(os.path.getmtime("berechneZeit.py"))
print(geaendert)
```

这里也不需要微秒，因此用int将其删除。

```
1595152800
```

当然，你可以将任何一个时间戳转换成一个正常的时间。方法fromtimestamp()可以帮你：

```
lesbar = datetime.fromtimestamp(geaendert)
print(lesbar)*1
```

*1 可以对输出进行更好的格式化。这里应当只涉及转换。

```
2020-07-19 12:00:00
```

你现在拥有了所有顺利运算的工具，你可以知道你的文件存在了多少秒，确切地说最后一次改动在什么时候。我们并不满足于秒数的粗略统计，因此借助timedelta()方法进行更好的格式化输出：

```
import os
from datetime import datetime, timedelta*1
aktuelle_unixtime = int(datetime.now().timestamp())*2
geaendert = int(os.path.getmtime("berechneZeit.py"))*3
sekunden = aktuelle_unixtime - geaendert*4
print(sekunden, timedelta(seconds=sekunden))*5
```

*1 除了模块os，还需要模块datetime中的datetime和timedelta。

*2 首先将实际的时间转换为时间戳。

*3 然后提取文件的改动时间。

*4 从两个时间戳的时间差计算出文件有多久了……

*5 ……并直接输出——借助timedelta()方法进行更好的格式化输出。最后一次改动至少在40分钟34秒前！

```
2434 0:40:34
```

【笔记】

你获得的时间肯定会有所不同。如果使用当前的文件进行改动，时间差和计算得出的时长应该相当短。

关于timedelta()方法还有一点——计算时间

借助timedelta()方法可以很好地计算时间，同时可以和时间对象进行任意的加减运算。

你已经看到了，如果将两个时间对象相减，那么就会产生这样一个timedelta()方法。你可以随时定义这样一个时间差（或者时间间隔/时间范围）。你可以将时间单位以周、日、小时、分钟、秒、微秒和毫秒的形式呈现（weeks、days、hours、minutes、seconds、microseconds、milliseconds）。

就像这样：

*1需要从模块datetime中正确调用timedelta()方法。

```
from datetime import timedelta*1
spam = timedelta(
    weeks=1, days=1, hours=1, minutes=1,
    seconds=1, microseconds=1, milliseconds=1*3)*2
print(spam*4)
```

*2创建一个对象。

*3作为可选参数，传递一个时间差，该时间差由传递的所有参数汇总而成。

*4这里将8天、1小时、1分钟和1秒相加，剩下的省略。

```
8 days, 1:01:01.001001
```

当然，被传递的参数的值也可以为负。Python自动计算所有内容。

尝试一下，并且……

借助timedelta()方法拯救圣诞节

这里有一个常见的时间输入，也就是圣诞节：

```
from datetime import datetime, timedelta
falsche_weihnacht = datetime(2020, 11, 7, 20, 25, 5)
print(falsche_weihnacht)
```

这个时间似乎和圣诞节有些不符……

```
2020-11-07 20:25:05
```

完全搞错了！

【艰巨的任务】
借助timedelta()方法修改错误的圣诞节日期，从而使日期恢复到正确的12月24日，同时将时间设置为18:30。

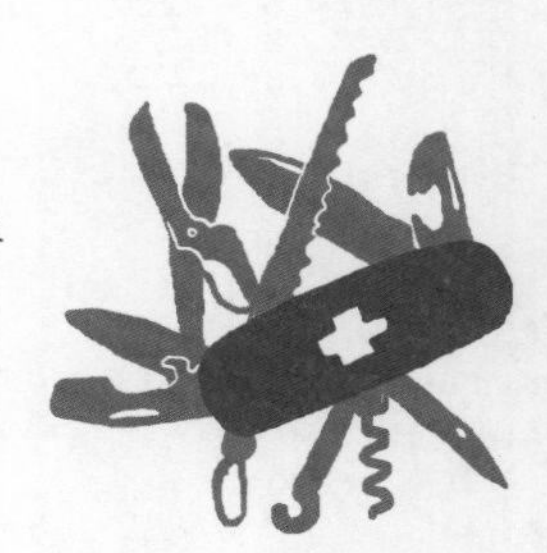

```
mein_delta = timedelta(
    weeks=6,*1
    days=5,*2
    hours=-2,*3
    minutes=5,*4
    seconds=-5*5
    )
```

*1 还差整整六周……

*2 还有5天才到12月24日。

*3 多了2小时。

*4 离半小时还差5分钟……

*5 5秒也不需要，将它直接删除！

```
weihnacht = falsche_weihnacht + mein_delta
print(weihnacht)
```

现在只需要将时间差和错误的圣诞节时间相加，然后……

```
2020-12-24 18:30:00
```

……圣诞节就被拯救回来啦！

棒极了！

当然，也可以将timedelta()方法和天、秒、微秒各项值用属性days、seconds、microseconds输出：

```
print(mein_delta)
print(mein_delta.days, mein_delta.seconds, mein_delta.microseconds)
```

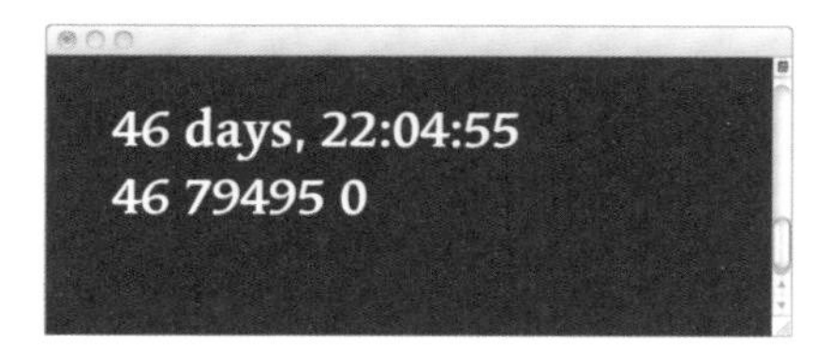

奇怪的是，周、小时或者分钟没有作为属性被查询，但都以天、秒和微秒呈现了出来。

你还需要更多时间？那么可以将任何对象和timedelta()方法相加……

```
print(mein_delta*2)
```

你已经有足够的时间了！

你学到了什么？我们做了些什么？

让我们做个简短的总结：

你学习了时间——至少能够使用Python里的时间对日期和时间进行操作。

我们选择的模块是datetime。相对于date只针对日期，time只针对时间，datetime（作为模块datetime的一部分）既负责时间也负责日期。

可以借助缩写将时间对象转换成任意的字符串，同样也能读取字符串中的时间。

你认识了时间戳，它用秒表示时间，借助它可以很好地进行运算。

当然，也可以用其他时间对象计算，然后测量出两个时间对象之间的时间差。这可以用timedelta()方法来指定，而你可以对时间对象进行加减。如果你有这样一个时间差，甚至可以用它和任意值相乘。

—第四章—

终于板上钉钉了

数据、文件和文件夹的重要处理

截至目前，在编程结束后所有数据都丢失了，但好在一些必要数据的长期保存很容易。其中一种最简单的方法，就是将所有数据存储在文本文件中。更简单的方法是，对数据进行序列化。鉴于刚好谈及这一主题，我们不妨立刻展开对文件、文件夹和文件程序的操作吧。

将所有数据归纳到哪里呢

答案很明显：要么将重要的数据作为固定程序编入，要么就必须在规定时间内进行输入。这样肯定会使你筋疲力尽，因为你每次都需要重新输入这些数据。

假设你想在收银系统中保存所有现有的商品及其价格，则可以将它们存储在程序中。但是，如果价格发生了改变，或者有新的商品加入，该怎么操作呢？你必须时时刻刻对程序进行修改！

如果你的计算机突然死机，所有已完成的输入都没有保存，即使最好的管理程序对你又有什么用处呢？

什么？

所有内容都要重新输入？

如果所有数据都消失了，

哪里可以找到解决办法？

有序列化就不成问题！

为了长期保存数据，将数据保存在单独的文件中很重要，如保存在文本文件中。

如果只想保存变量和它们的值，并且可以再次读取，那么有一种简单的途径：对数据进行序列化。

虽然这听起来复杂且不合常理，但实际上这种方法可以减轻你的工作量，如果你想保存和调用数据。序列化是指，能够对变量和所有对象进行存储和调用——你不需要关心数据是怎么被保存在文件中，或者怎么再次被读取的。Python将变量（或对象）存储在一个特定的文件中，你可以随时对该变量进行读取、修改和重新存储。

听起来很棒，

再详细说说这个序列化吧！

shelve模块

其中有一个名为shelve的模块。借助该模块可以将任意值用Key存储在一个文件中。你应该已经对键值对（即key values）有所了解。这里也要用到它。

举个例子?

如在一场比赛中已经确定了三名最佳球员的名单。第二天这些球员将展开对决：

```
spieler_endrunde = ['Heinz', 'Schrödinger', 'Bill']
```

当然，产生这些值通常需要某些输入或计算，不像这个例子中那样被固定编入的。这个列表应当被长期保存。

*1对值进行序列化需要的模块名为shelve，它的意思是“架子”。

*2进行序列化需要一个文件，不需要指定文件扩展名。方法open()为后续的读取和写入做好了准备。

```
import shelve*1
speicher*3 = shelve.open('meineDaten'*2)
speicher['imFinale']*4 = spieler_endrunde
speicher.close()*5
```

*3需要一个变量和一个对象，从而实现对功能和指定文件的访问。

*4为了存储一个值，给对象speicher写入一个带方括号的键，并附上一个值。这种写法在字典（Dictionary）那里你已经有所了解！

*5如果你已经操作完成，关闭已用文件和close()方法的连接，那么这是符合规范的做法。

所有重要的部分已经完成。模块shelve对相应的文件进行检测——如果不存在该文件，则默认创建一个文件。

如果不输入其他命令，新的文件就会存储在Python程序所在的文件夹中。

【便笺】
在键中必须要有一个字符串，不管它是以文字还是变量的形式存在。

被序列化的值所在的文件并不是一个可以直接读取的文本文件。数据以二进制的形式存储，只能由特定的编辑器（如Python）打开和编辑。这些文件总是带有.db扩展名，这个扩展名在程序中不需要输入。它自动添加在指定的名称后——即使你已经输入过这一扩展名。

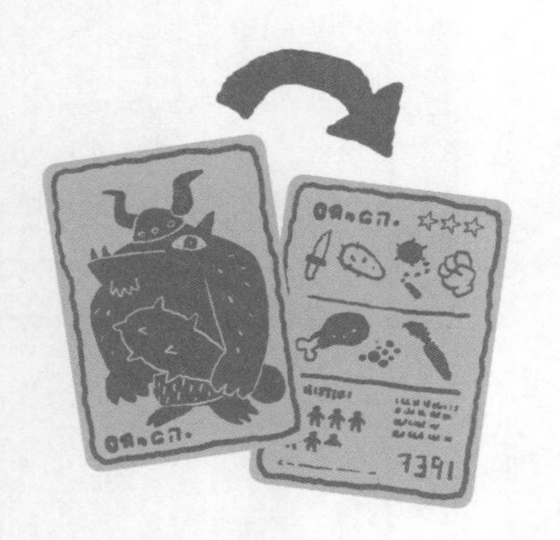

【背景信息】
模块shelve，即“架子”，是在另一个名为pickle的模块，即“酸黄瓜”的基础上保存的。模块pickle为序列化提供了基础的功能。shelve似乎设置在这个模块之上，并将其他分类存储为键值对，这和你在列表类型Dictionary那里学到的一样。

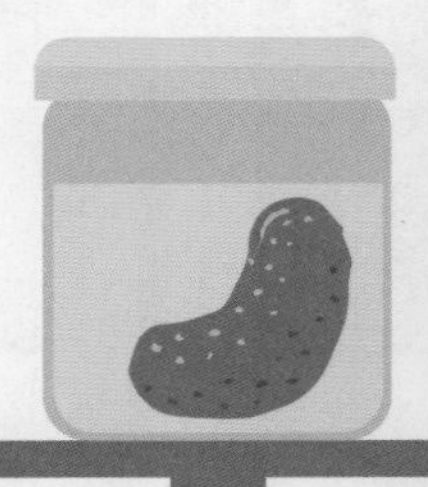

读取

对序列化数据的读取和写入一样容易：

*1当然，必须再次调用模块shelve。至少，如果是在一个单独的程序中，并且还未在其他位置进行调用时，则需要这一操作。

*2用open()方法和相应的文件名作为参数建立起关联。

```
import shelve*1
mein_speicher*3 = shelve.open('meineDaten')*2
print(mein_speicher['imFinale'])*4
spieler = mein_speicher['imFinale']*5
for name in spieler:
    print(name)*6
mein_speicher.close()
```

*3这里也需要一个变量来获取相应的对象，以供进一步访问。

*6你看，一切都回来了！

*4可以直接将相应的元素'imFinale'输出。

*5或者赋给一个其他变量，从而进行后续的操作。

```
['Heinz', 'Schrödinger', 'Bill']*4
Heinz
Schrödinger
Bill*6
```

至于新的对象叫什么名称（这里是mein_speicher）并不重要，它并不一定需要和写入的数据一致。

在文件扩展名为.db的文件中几乎可以保存任意多的变量和对象，甚至来自不同程序的变量和对象。值会一直保存到被新的值覆盖或者文件被删除。一些敏感性文件，如密钥或者你在瑞士银行的密码，不应当保存在其中。

Serialisierung Serialisierung

尝试序列化

Serialisierung Serialisierung Serialisierung

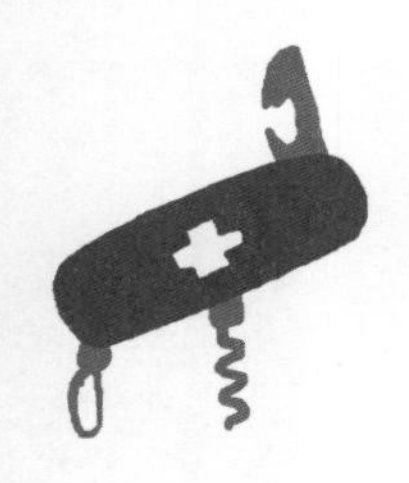

【简单的任务】
编写一个程序，将输入存储在.db文件meineDaten中，并且立刻重新读取。

首先需要进行调用：

```
import shelve
```

然后与现有.db文件meineDaten建立关联，再赋给一个新创建的对象：

```
speicher = shelve.open('meineDaten')
```

下面进行输入，被输入的值被保存在一个名为'eingegeben'的键中。当然，它也可以是其他名称。

```
eingabe = input("Eine Eingabe bitte:")
speicher['eingegeben'] = eingabe
```

和存储一样，这里值会被再次输出：

```
print(speicher['eingegeben'])
speicher.close()
```

现在已经全部结束，程序可以开始了。

```
Eine Eingabe bitte:Schrödinger
Schrödinger
```

看起来很不错！

shelve——一些有用的信息

这样一种.db文件可以在不同的任务中使用。最好通过Python中的可靠方法，而不是通过编辑器来读取这类文件的内容。因此，你必须打开一个.db文件，看看里面有什么信息：

```
import shelve
info = shelve.open('meineDaten')
```

直到这里我们都很熟悉。你的对象在程序中使用了什么名称并不重要。重要的是文件名要正确。

```
print(list(info.keys())*1)
print(list(info.values())*2)
print(len(info)*3)
```

*1借助方法keys()可以将文件中所有的键输出。为了让信息可读，必须将它们以列表的形式输出。

*2借助values()方法也可以用同样的方式读取值。这里你会得到神秘的对象信息。借助函数list()可以让整体更加清晰。

*3甚至现有元素的数量也可以借助len()函数输出。

```
['imFinale', 'eingegeben']*1
[['Heinz', 'Schrödinger', 'Bill'], 'Schrödinger']*2
2*3
```

【注意】

你看，这里就是所有被写入的键和值。你可以读取文件中现存的所有值，也可以对它们进行修改。数据未处于被保护的状态！

甚至可以同时借助多个对象获取一个.db文件，并且对不同的值进行读取和写入。

如果有些值我不需要呢？

那么就可以将一个（或多个）键，连同所属的值，用del删除：

```
del info['imFinale']*1
print(list(info.keys()), list(info.values()))
```

*1借助del可以随时将一个现有的键永久性删除。

从输出中可以看出，相应的键和值消失了。

```
['eingegeben'] ['Schrödinger']
```

借助网络和双重保障

借助这样的文件可以对文件进行长期存储，但并不意味着你的数据真的安全了。这一文件可能会被删除或移动。或许只是因为一个外部驱动器暂时无法访问，或者存储卡被强制拔出？键随时也可能从文件中被删除。

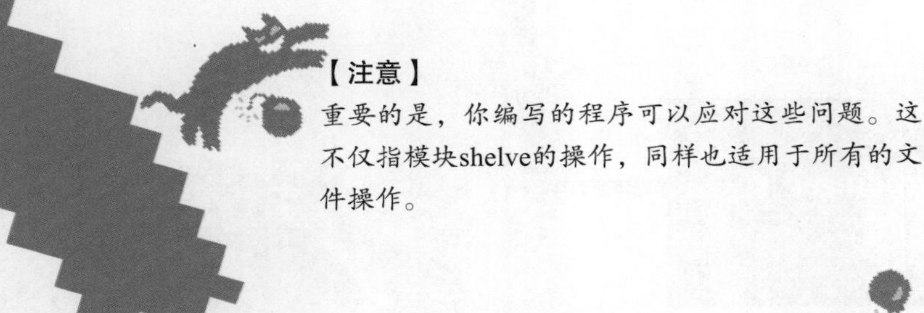

【注意】
重要的是，你编写的程序可以应对这些问题。这不仅指模块shelve的操作，同样也适用于所有的文件操作。

我可以做些什么呢？

try和except是很好的错误处理方法，可以应对各种意外情况。

另外，你还要知道，在打开一个作为第二个参数的.db文件时，可以指定这个文件的打开方式。这个参数可以作为文件或者借助键flag输入：

```
ergebnisse = shelve.open('meineDaten', 'w'*1)
```

*1借助第二个参数可以指定打开文件的方式。除了一个单独的w，这里还可以写成flag='w'。

你可以这么做：

- 'r'打开文件以供读取。如果文件还不存在，则不会创建它，同时会产生报错。
- 'w'打开一个现有文件进行读写。如果文件不存在，也不会创建新文件，同时会产生报错。
- 'c'打开一个文件进行读写。如果文件不存在，它将被创建——即使没有写入操作。另外，如果没有输入参数，这就是shelve的常态。
- 'n'总是打开一个新文件进行读写。如果已经存在一个同名的文件，则该文件将被一个空的新文件覆盖。

但是如果存在报错的话，有什么好处呢？

幸运的是，错误并不意味着程序会因为一个晦涩的报错而终止。相反，借助try和except可以很好地应对这样的错误，从而使程序重回正确的轨道运行！

如果只想对值进行读取，借助try和except看起来是这样的：

```
import shelve
try:
    info = shelve.open('meineDaten',flag='r')
```

在try代码段中只是尝试，通过shelve打开输入的文件以进行读取。

```
except:
    print("Datei konnte nicht geöffnet werden.")
```

如果出现报错（由于文件不存在），则会给出提示。同样，这里可以调用一个函数，借助该函数创建一个文件，并通过输入填充值。

只有在文件可以通过模块shelve打开时，才能实现进一步的操作。

```
else:
    if "eingegeben" in*1 info.keys():
        print("Es kann gearbeitet werden.")
    else:*2
        print("Schlüssel noch nicht vorhanden.")
```

*1和字典一样，你可以检测是否存在一个特定的键，这样就不再需要一个错误处理程序了。

*2如果键不存在，也没有值，那么就可以在这里调用一个其他的函数来处理这一情况，如预测并处理输入。

用更精确的except来捕捉所发生的错误不是更好吗？

你的意思是，用except FileNotFoundError或者except IOError取代不指明具体错误的通用except?

可惜，在这种情况下，由模块shelve返回的报错是不明确的，因此这里使用通用的错误处理更加合适。不过，只要你在try代码段中有一条使用open()方法的命令行，就没有问题。

文本文件——写入和读取

在很多情况下，借助简单的文本文件进行操作也很重要，比如你有很多数据需要写入，这些数据并不只能赋给同一个变量。日志文件就是很好的例子。

我觉得shelve模块就很出色了，难道还不够吗？

借助shelve模块可以进行大量的操作。但是，能够对文本文件进行读取和写入同样很重要。目前，文本文件常用于提供和传递数据。没有比通过文本文件设置日志文件（或者其他的原型文件）更简单的了。对Python来说，检索并读取这些文本文件（或日志文件）的内容轻而易举。

还有一点很重要：可以随时通过一个简单的编辑器打开并读取文本文档。

好吧。

操作起来难吗？

不，正好相反！

现在就来打开一个文本文件，然后在文本文件中写入新的内容：

*1方法是open()，不需要进行调用。

*2和shelve一样，你需要指定一个文件名——加上想要的文件扩展名（不一定是.txt）。

```
datei*4 = open*1("Textdatei.txt"*2,"a"*3)
datei.write("Hallo Schrödinger.")*5
datei.close()*6
```

*3这里也有第二个参数，用来指定打开文件的方式。"a"代表append（附加）。稍后会详细介绍。

*4当然，还需要一个变量，通过它来控制访问权限——用于文件访问的新对象。

*5借助方法write()传递一个即将写入文件的字符串。

即将？

没错，即将……

【便笺】
借助open()方法可以立即创建文本文件。但是，只有调用close()方法，所有内容才被写入文件。如果忘记调用close()方法，那么将得到一个空文件！

*6只有调用close()方法，所有内容才会被写入文本文件。

更简单的方法——借助with

还有一种方法，可以用更少的代码将所有内容写入，这种方法就是使用with。确切地说，使用with得到的结果和刚才一样，只不过更加美观和简洁。人们称之为语法糖：

*1借助with进行操作和借助控制流程的操作类似，用冒号建立命令。

*2借助as定义用于访问的对象。

```
with*1 open('Textdatei.txt', 'w') as inhalt*2:
    *3inhalt.write('Hallo Schrödinger!')
```

*3所有从属内容进行缩进，和冒号后的控制流一样。

如果用with进行操作，就不需要close()方法！
如果停止缩进，则所有内容就被自动关闭。

这再简洁不过了！

你为什么才告诉我！？

你可以在网上找到很多案例，在没有with的情况下使用经典的方法。这样就可以看懂网上的案例，并筛选出更好的一种操作！

【注意】
write本身不带换行符（和print()函数相反）。
你必须借助"\n"添加换行符。

让我们继续——现在开始用with

文本文件

你也看到了，将文本（即字符串）写入一个文件有多简单。

【简单的任务】
编写一个程序，对文本输入和实际的时间戳进行存储。如果输入为空，则程序终止。

一个关于时间戳的建议：必须调用模块time，然后可以借助time()方法访问实际的秒钟。因为Python可以显示小数点后的秒数，所以你可以借助int对秒数进行四舍五入。

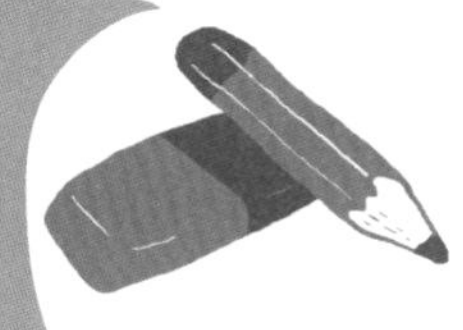

【笔记】
时间戳是指从1970年1月1日00:00开始经过的秒数。这使时间数据可以很容易地显示和排序（无须转换）。

首先，调用模块time来获取需要的时间戳：

```
import time
```

然后，用open()命令建立文件访问，再通过（任意）对象访问文件：

```
with open("Textdatei.txt","a") as datei:
```

这个循环，当然是Python的风格！

```
while True:
```

下面是文本输入。当文本为空时，借助break结束循环：

```
text = input("Ein Text: ")
if text == "":
    break
```

也可以将条件写成“if not text：”。

这样，带有所有秒数的真实时间戳会通过int进行四舍五入，然后作为字符串写入文件。被输入的文本用分隔符分开，结尾用“\n”表示换行符。

```
datei.write(str(int(time.time())))
datei.write(f" - {text}\n")
```

正因为有with，所以不再需要close()方法结束！

当程序开始时，你的输入看起来就是这样的：

```
Ein Text: Hallo
Ein Text: Schrödinger
Ein Text:
```

文本Textdatei.txt看起来是这样的。

当然，时间会以真实的时间戳形式输出：

```
1593989910 - Hallo
1593989912 – Schrödinger
```

写入列表和换行符

除了方法write()之外，Python还有一个将列表数据写入文件的实用方法：writelines()。

你或许通过名称猜测，这种方法可能以逐行的方式进行写入，但其实并非如此，它是用于加工一个列表类型（列表、元组或序列），并且将所有列表元素一次性写入文本文件：

```
gruss = ("Hallo", "Schrödinger")
with open("text.txt", "w") as datei:
    datei.writelines(gruss)
    datei.close()
```

文本文件的内容看起来是这样的：

```
HalloSchrödinger
```

借助writelines()方法，所有列表元素被相继写入文件，元素之间没有换行符。

但是，如果想在文件中插入带有一个（或多个）分隔符的列表项（例如，在每个列表项之后使用换行符），则实际上可以使用write()方法来更好地执行此操作。你所要做的就是用匹配的分隔符将所有元素组合在一起。

呃，没错……

该怎么操作呢？

建议：使用join()方法！

对上述程序中writelines()方法的相关命令行进行替代，如下所示：

```
datei.write("\n".join(gruss))
```

将想要的分隔符（或字符串）和方法join()一起使用，并将列表作为参数传递，然后组合在一起，同时写入文件。

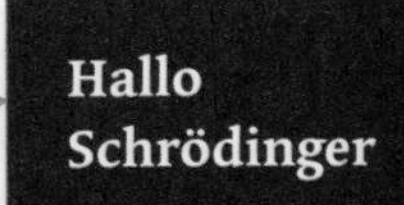

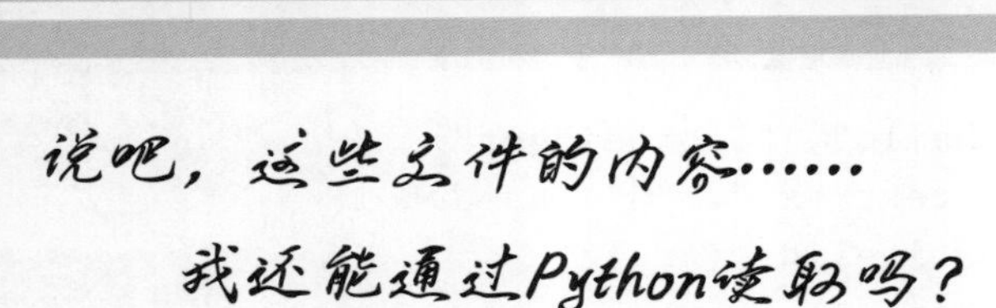

当然可以。和shelve相似，第二个参数确定了文件的打开方式：

- 'r'打开文件以供读取。同时从头开始读取文件。
- 'w'打开要写入的文件。如果文件已经存在，则删除文件中现有的所有内容。
- 'a'打开要写入的文件。如果文件已经有内容，则保留这些内容。新的内容会被添加在结尾处。

如果字母后带“+”，那么始终代表读写的命令。如果添加一个'b'，那么你甚至能够读写二进制文件。借助shelve创建的文件也属于这一类。

读取文件很简单：

```
with open('Textdatei.txt','r') as datei:*1
    print(datei.read()*2)
```

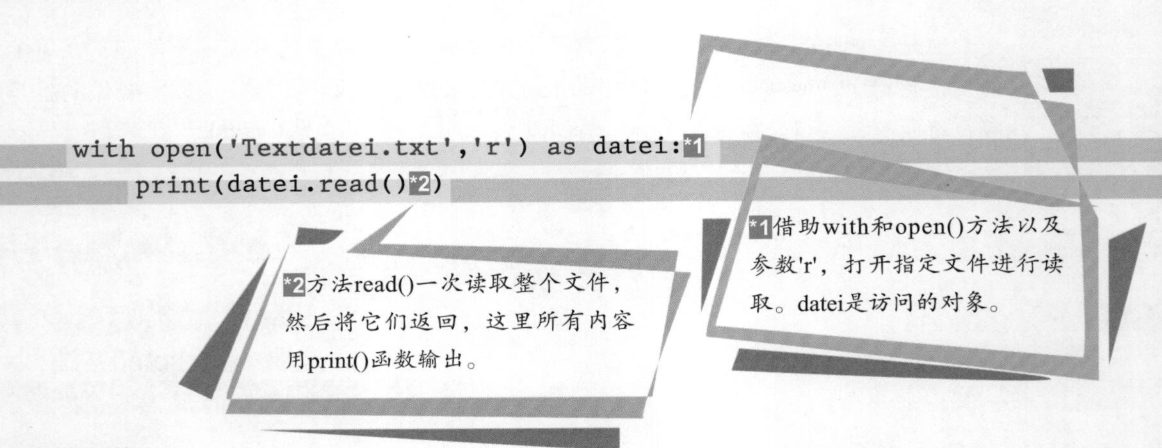

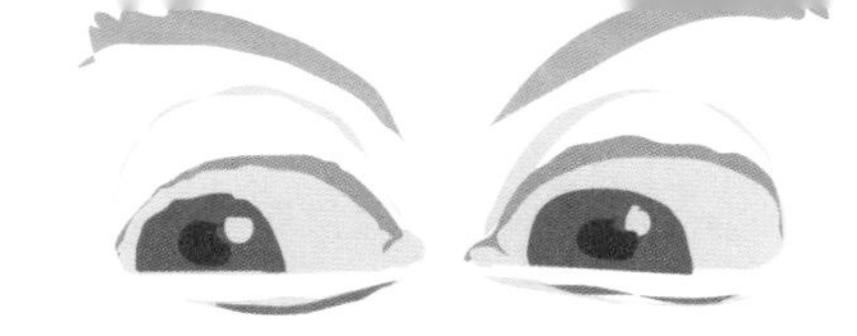

逐行读取

当然，也可以对文件进行逐行读取。特别是当文件很大时，这样操作比费劲地将数兆字节的文件赋给一个变量更有意义，因为逐行操作更加合理、集约：

```
with open('Textdatei.txt','r') as datei:
    for zeile in datei:*1
        print("Inhalt aus Datei:", zeile, end=""*2)
```

*1 每循环一次，就从文件中提取一行写入变量zeile。

*2 需要注意的是，在用print()函数进行输出时不需要添加换行符。最终文件中的每一条命令行自带一个换行符。

【背景信息】
换行符和所有空白符可以借助rstrip()函数从页面右侧进行删除。但是，还需要删除右侧边缘的空格。因为通过rstrip("\n")指明，只删除换行符。此外，在Windows系统中，换行符有时也写成"\r\n"。

【便笺】
借助模块os的属性os.linesep可以在计算机上使用换行符。

现在可以打开并读取文件，当然也可以对文件写入新的内容。你还需要知道的是，如何进行复制或移动等文件操作，以及如何通过文件夹进行操作和读取。

文件夹和文件之林

我猜你对自己的计算机一定非常了解，你知道如何处理文件夹，也知道重要的文件夹在哪里。

这是当然的！

一项经典的任务：打开一个文件夹，根据文件扩展名对现有文件进行排序并更名。

这不是那项关于我哥哥和他那台在博物馆的Deep Thought 42旧计算机的任务吗？

我们进行一些文件操作：首先需要模块os，它给你提供了进行文件操作的重要命令和方法：

```
import os
```

首先是基础部分：弄清你当前所在的文件夹很重要，你可以借助os.getcwd()进行查询。其中cwd表示current working directory（实际的工作目录）。它也可能在存储Python启动程序的文件夹中，但是，可能并不是安全的编程方式，因此确定位置非常重要。

将文件夹的内容进行输出同样很重要：可以借助os.listdir()操作，然后返回一个包含所有元素（文件和文件夹）的真实文件夹列表。不过，也可以将路径作为参数，以r'c: \Users'、'c: \\Users'或者'/Users'的形式传递，之后方法会传递该文件夹的内容，不需要再切换到该文件夹。当然，这个文件夹也应当存在。

```
aktuellerPfad = os.getcwd()*1
inhaltAktuellerOrdner = os.listdir()*2
print(aktuellerPfad, inhaltAktuellerOrdner)
```

*1 这里对实际的文件夹进行查询。

*2 这里查询实际文件夹中的内容。

```
/Users/Schrödinger/Desktop
['text.txt', 'Textdatei.txt', 'Dinkelrezepte', 'Katzenbilder']
```

当然，你也可以直接借助方法进行操作，不需要通过变量。但是这里使用变量更具可读性。

这台带熊猫图片的计算机不是我的！

别担心，你很有可能有别的计算机和内容。在Windows系统中实际的文件夹看起来是这样的：

```
C:\Users\Schrödinger\Desktop
```

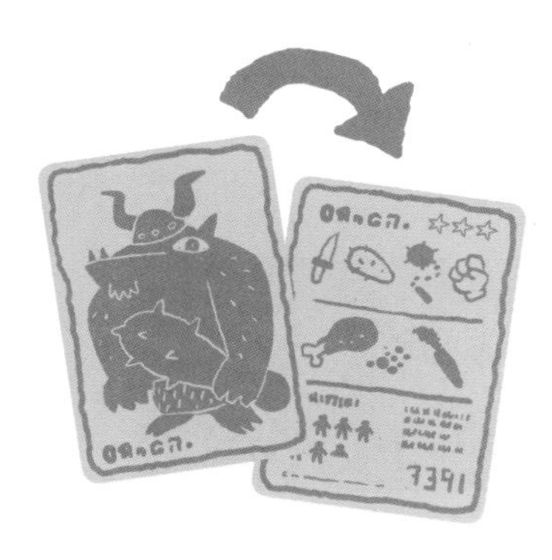

【背景信息】

如果使用的是Linux或者macOS系统，那么它们的路径很相似：命令中的分隔符始终是“/”，并且不存在（直接的）驱动信息。但在Windows系统中有所不同：在开头的地方始终存在驱动信息，如“C:”，路径的分隔符是“\”。事实上，“/”也可以在Windows系统中使用。

【注意】

如果将Windows的路径写入一个字符串，那么应该用两条反斜杠“\\”标记“\”，或者借助“r”将字符串标记为原始字符串，事实上它与在Python中的读取和写入一样。

也可以根据相应的操作系统，从Python中生成文件夹的数据：

```
import os
angabe = os.path.join("Ordner", "Unterordner", "data.txt")
print(angabe)
```

这里所有指定的元素都相应地组合在一起，正如操作系统所预期的那样。

```
Ordner/Unterordner/Dateien/data.txt
```

但这并不是为了创建一个文件夹或者文件——只有路径本身为了进一步的使用，生成了相应的符号！

借助os.chdir()以及绝对路径和相对路径，可以对实际的文件夹进行切换，例如从文件夹/Users/Schrödinger/Desktop切换到上层文件/Users/Schrödinger：

使用“..”作为参数返回上一层文件。它代表指向根目录的上一层文件，是相对路径。

```
print(os.getcwd())
os.chdir('..')
print(os.getcwd())
```

你已经在层次结构的另一个文件夹中。

到底什么是绝对路径，什么是相对路径呢？

在大多数文件和文件夹操作中使用绝对路径和相对路径进行操作。相对路径有关实际的文件位置，你通过文件夹结构进行移动，例如，通过“..”移动至相对于实际文件夹的上一层级，或者移动到下一层级，如“Desktop”。相反，对于绝对路径而言，文件的位置并不重要：你输入一条信息，用于准确描述绝对路径。

我们来看这个：

这里你来到了更深层级的文件夹，回到了文件夹Desktop。

```
print(os.getcwd())
os.chdir('Desktop')*1
print(os.getcwd())
```

*1这个相对路径中的参数，Desktop只在这一文件夹中起作用，因为只有这里有相应的下级文件。

这就好比在雨林中：你身处一块林间空地，想要前往挖掘现场。相对路径就好像：经过白色岩石，向南3千米。这个路径是指相对你所在的实际位置而言的。

如果某人在几千米外的河岸边，用这个路径就无法操作，因为那里没有白色岩石。如果他仍然坚持这样描述，那么他很有可能坠入河中或者被鳄鱼吞食。

他需要对他的实际位置进行相对性的描述，更好的方法是给出绝对路径，如地图上和实际位置无关的坐标。

绝对路径不关注程序的实际位置，它以“/”开头，表示根目录，即最上层的文件夹。在Windows系统中类似驱动信息“C:\”。从这个根目录开始所有的路径都要指明，如下所示：

```
"/Users/Schrödinger/Desktop/Dinkelrezepte/Scharfes/OhneDinkel"
```

在Windows系统中是这样的：

```
"C:\Users\Schrödinger\Desktop\Dinkelrezepte\Scharfes\OhneDinkel"
```

这样Python就明白（文件夹结构层级），必须从根目录开始，深入各个文件夹，一直到下层文件夹OhneDinkel为止。

设想一下，在Windows系统中，将文本标记为原始文本或者将“\”标记为“\\”。

明白了！

手持弯刀——在文件夹之林生存

一项具体的任务：读取一个文件夹中的文件，并复制到下一层文件夹中。

……但是我现在可以做到吗？

没问题。对于一些你还不认识的方法，我们将在任务的相应部分进行查看。为了让你更加了解你的计算机，我们将使用相对路径进行操作。

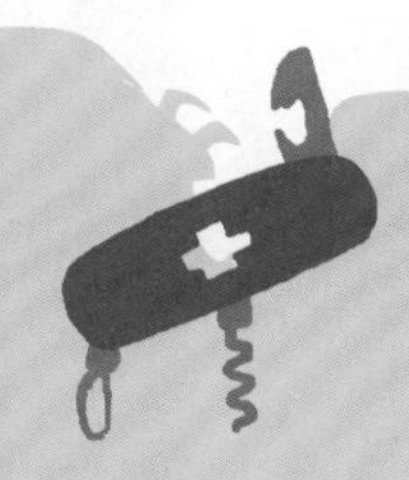

【简单的任务】
输出实际的文件夹，并且检测是否存在特定的下层文件夹，我们将它称为Textdateien。如果不存在，则创建该文件。

首先必须调用os，然后输出实际文件夹，之后检测是否存在文件夹Textdateien。对此有三个有用的方法：

isfile检测是否存在相应的文件。

- isdir检测是否存在相应的文件夹。
- exists检测是否存在某一特定的元素——不管是文件还是文件夹。

```
import os
print(os.path.abspath(".")*1)
if os.path.isdir("Textdateien")*2:
    print("Ordner ist bereits vorhanden")
else:
    os.mkdir("Textdateien")*3
    print("Ordner wurde neu angelegt")
```

*1方法abspath()为任意文件夹名构建一个绝对路径。因为“.”代表了实际的文件夹，所以你可以得到相应的路径。事实上，这和os.getcwd()相似，但对这种方法你已经有所了解了。

*2这里是isdir的第一个选择。因为可能存在一个名为Textdatei的文件（没有文件扩展名），后续会导致报错。

*3如果没有文件夹，会通过命令mkdir和想要的名称作为参数来创建它。

此外，可以借助os.path.abspath("name.txt")方法给一个还不存在的文件指定一个绝对文件路径。当需要一个文件的绝对路径时，这对处理文件非常有帮助——无论该文件存在与否。结果可能看起来是这样的：

```
"/Users/Schrödinger/Desktop/name.txt"
```

如果想要对一个文件进行更名或复制，这样固定、完整的路径可以为你减少一些工作量。

继续：

【简单的任务】

执行实际的文件夹。将每个文本文件复制到文件夹Textdateien中。

*1需要模块shutil。这样你就拥有了复制或移动文件的所有工具。

*2借助listdir得到表示实际文件夹中所有元素的列表。这个列表按照元素逐个执行。

```
import os
import shutil*1
for datei in os.listdir():*2
    dateiendung = os.path.splitext(datei)[1]*3
    if dateiendung.lower() == ".txt":*4
        print(datei)
        neue_datei = os.path.join('Textdateien', datei)*5
        shutil.copyfile(datei, neue_datei)*6
```

*3借助os.path.splitext得到一个带有该名称和文件扩展名的元组。

*4如果文件扩展名是“.txt”，则下面文件将被输出并且……

*6方法copyfile()将文件复制到文件夹Textdateien中。

*5……产生新的文件名——包括必要的路径。副本位于下级文件夹Textdateien中。

函数os.path.splitext将指定文件名划分为名称部分、文件扩展名和点号。splitext是指分离扩展名，即split extension。元组中，索引0代表的第一个元素是名称部分（同样带有指定的路径），索引1对应的元素是文件扩展名。

方法copyfile()复制一个指定的文件。第一个参数用于指定需要复制的文件，第二个参数表示目标位置的名称。如果指定了一个其他的文件名，那么被复制的文件也会进行更名。

除了datei，也可以给neue_datei一个其他的名称。也可以借助函数kurzer_dateiname()对你哥哥那台在博物馆的计算机上所有的文件更名（参见《漫画学Python：简单入门》的第五章）。

【笔记】

有一个类似的方法叫作copy，在第二个参数处，需要指定的不是名称，而是路径。这种情况下，指定文件夹中的副本自动生成相同的名称。

另外，Python可以识别你的操作系统和文件夹的分隔符。借助os.sep可以将该符号输出。

继续！在这种形式下，程序已经运行的非常出色了。但是，每次执行程序时，文件会被重新复制，甚至目标文件夹中存在完全相同的文件时——它们会被覆盖。最好只在文件被改动时进行复制。

没错，好主意。

但是怎么操作呢？

可以输出每个文件的信息。我们看看文件的大小。这个信息应该足够作为一个开始。

复制还是不复制，这是一个问题

文件的大小可以借助os.path.getsize读取。你只需要输入文件名。如果文件不在同一个文件夹中，那就需要指定正确的路径。要么作为绝对路径（这里是Windows系统）：

```
os.path.getsize(r"C:\Users\Schrödinger\Textdateien\meineDatei.txt")
```

要么作为相对路径，如果在文件夹Schrödinger中：

```
os.path.getsize(r"Textdateien\meineDatei.txt")
```

【简单的任务】

检测是否存在一个副本，然后查看两个文件大小是否相同。如果大小相同，则文件不需要重新复制。

所有流程不应该太难！

程序的开头部分实际没有改变。

```
for datei in os.listdir():
    dateiendung = os.path.splitext(datei)[1]
    if dateiendung.lower() == ".txt":
        neue_datei = os.path.join('Textdateien', datei)
```

如果文件扩展名是“.txt”，那么有两种可能：要么已经存在一个副本，那么就需要对文件大小进行比对；要么还不存在副本，那么就需要生成一个：

*1 已经存在一个副本。这里必须对文件进行比对。

```
if os.path.isfile(neue_datei):
    # Todo:已经有文件了!
    pass*1
else:
    shutil.copyfile(datei, neue_datei)*2
```

*2 还没有副本。可以立刻进行复制。

在pass处必须：

首先对两个文件的大小进行比对：

```
gleich = os.path.getsize(datei) == os.path.getsize(neue_datei)
```

如果两个文件大小一致，那么会显示True。如果它们的大小不一致，则结果为False——在这种情况下需要生成一个副本。可以借助if实现：

```
if not gleich:
    shutil.copyfile(datei, neue_datei)
```

完成！

定义准确的哈希值——用于比较的值

但是这个文件大小并不可靠吧？

确实如此。因为只是单纯地比较大小——内容可能有所不同。只有被复制文件的改动日期显然没有说服力，但是可以用文件的内容生成各自的MD5-Hash，然后对结果进行比较。

MD5-Hash？

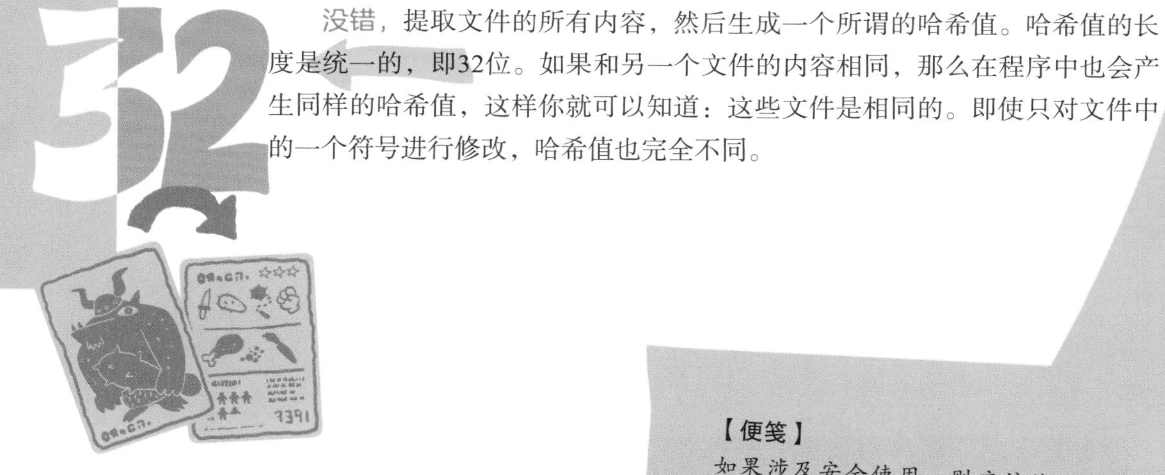

没错，提取文件的所有内容，然后生成一个所谓的哈希值。哈希值的长度是统一的，即32位。如果和另一个文件的内容相同，那么在程序中也会产生同样的哈希值，这样你就可以知道：这些文件是相同的。即使只对文件中的一个符号进行修改，哈希值也完全不同。

【便笺】
如果涉及安全使用，则应该使用一种比MD5更复杂的方法，如来源于同一个模块hashlib的函数sha256()。这是一种计算密集型的函数，可以产生更长的哈希值。

【背景信息】
这里的哈希值实际上不提供有关实际内容的任何信息。因此，这是一种对值进行比较的安全（谨慎的）方式。

为了产生这样的哈希值，必须对文件的内容进行读取，然后从中生成一个哈希值，看起来如下所示。为此，将文件名作为参数传递给函数，并在函数中读取文件内容：

```
import hashlib*1
def mein_md5(dateiname):

    datei = open(dateiname, "rb")
    inhalt = datei.read()*2

    hash = hashlib.md5()*3
    hash.update(inhalt)*4
    return(hash.hexdigest())*5
```

*1 需要的模块叫作hashlib。

*2 这里文件被打开，内容以二进制的形式被读取。这一操作很重要，可以使标准符号被处理为哈希值。

*3 这里为MD5-Hash创建一个对象，可以借此进行进一步的操作。

*4 文件的内容通过这个对象传递到方法update()中。

*5 借助hexdigest返回一个更具可读性的哈希值，它代表了各个文件的内容。

调用后看起来这样：

```
print(mein_md5("text.txt"))
```

```
27775fd2ca731b5dc264b7cb647e957a
```

哈希值看起来这样。

【便笺】
事实上MD5的操作原理是，相同的内容在任何情况下总是产生相同的哈希值！

现在需要做的只是生成两个文件的哈希值，然后进行比较。对此，只需要改变程序中的一个命令行。

将命令行

```
gleich = os.path.getsize(datei) == os.path.getsize(neue_datei)
```

改为

```
gleich = mein_md5(datei) == mein_md5(neue_datei)
```

你可以进行比较了！当然在调用前，还需要和函数建立连接，不过你肯定已经想到了。

不要忘记：移动和删除

文件的读取有时相当困难。文件的移动和删除也是如此。Python准备了一些方法：

- 借助os.remove("Testdatei.txt")很容易就能删除文件。
- 借助os.rename("alterName","neuerName")可以对一个元素进行更名。这个元素是文件还是文件夹并不重要。还有一种更加具体的方法，即os.replace("alterName","neuerName")，借此可以替换一个现有的文件。这在Windows系统中很有帮助。
- 借助os.rmdir("Leerer Ordner")可以删除文件，但是这个文件必须是空文件。
- 借助模块shutil中的shutil.rmtree('IrgendeinOrdner')也行得通：文件夹连同其内容都被删除。

【注意】
在删除文件和文件夹时要时刻保持谨慎：通过程序删除的文件和文件夹通常情况下不在计算机的回收站里——它们被直接删除！

你学到了什么？我们做了些什么？

让我们做个简短的总结：

你学会了如何借助模块shelve对数据进行序列化。你可以将数据作为键值对存储在文件中，也可以再次进行读取。

你还学习了读写普通文本文件的方法——不需要调用模块就能直接进行访问。用with进行读写更加简便。

所有文件处理中最重要的是借助try和except的安全工作，这是你的安全网络和双重保障。

其他一些文件操作也没有难度——复制、移动，甚至删除，这些都可以借助Python进行操作。时刻注意正确设置路径，无论是相对路径还是绝对路径！

一些实际用得上的算术

—第五章—

随机数、矩阵和数组

虽然难以置信，但其实数学也可以很有趣，尤其在有Python的情况下，因为Python帮你将许多复杂的东西简单化。此外，Python拥有大量针对数学的工具——针对一些特殊的内容，也有强大的库，你可以在数秒内完成安装。一个绝对标准的库就是NumPy，它提供了所有处理随机数、随机分布、矩阵和多维数组的工具。

随机数的分布、矩阵和多维数组本身当然不是最终目标，它们也不是可怕的怪兽或者来源于炼狱的恶魔。

所有这些元素也许并不能唤起人们对数学课的快乐回忆，但实际上它是许多程序解决方案的重要组成部分。仅在人工智能这个话题上，你就无法绕过它（也无法绕过NumPy）。

NumPy是处理数字、矩阵和数组的帮手和神奇魔法家。

实际上，Python本身也为日常编程提供了算术领域的所有必要工具。只不过有时一些特殊的需求，日常编程还无法实现。这时，就需要从Python的大量特殊的模块和库中寻求帮助，如NumPy！

但我真的需要它吗？

它全部都和分布、数学以及矩阵相关？

别担心，薛定谔！借助Python和NumPy进行操作比你想象的简单得多。先从随机数入门。在很多情形下你都需要随机数。例如，在模拟和游戏中，或者需要生成测试数据时。这里就可以给你提供一些！

【背景信息】

首先需要安装NumPy，以便可以在本章进行一些操作。你既可以通过开发环境，也可以通过pip进行安装：pip install numpy。

随机数和NumPy

对于随机数你已经有所了解，最简单的方法当然是通过Python生成——借助模块random。

经典的骰子——没有比这更方便的了

```
import random
print(random.randint(1,6))
```

每调用一次就生成一个新的结果。方法randint()生成整数结果。结果介于第一个参数和第二个参数之间，包括这两个参数。如果需要从10到99中产生随机数，可以这样调用：

```
random.randint(10, 99)
```

如果需要的随机数不是整数，那么random()方法和uniform()方法是合适之选。random()方法从0和1之间随机产生一个浮点数。在uniform()方法中需要指定两个数字作为参数——从这个区间中返回一个随机数。它们操作起来分别是这样的：

```
print(random.random())
print(random.uniform(1,2))
```

```
0.11133106816568039
1.7415504997598328
```

产生正确的种子——借助seed()方法

如果你希望始终获得相同的随机数序列，而不是每次获得相同的随机数，它会派上用场。如果需要使用相同的条件进行重复测试，那么这会很有用处。

将任意数字设置为参数。

```
random.seed(42)
```

每次程序调用后，后面产生的随机数相同。借助上面的调用更好理解：如果先写入了对seed()方法的调用，那么应该会得到相同的随机数。

做出正确的选择——借助choices()方法

还有一个更加实用的操作：借助choices()方法从一个列表中随机返回元素。

```
liste = ("ja", "nein")
print(random.choices(liste*1, weights=[2, 1]*2, k=9*3))
```

*1这里传递一个列表，从中随机选择一个值。

*2每个元素都能获得一个加权。数字越大，它被选中的概率就越高。

*3这里可以指定提取的次数。

```
['ja', 'nein', 'nein', 'nein', 'ja', 'ja', 'ja', 'ja', 'ja']*4
```

*4结果总是返回一个列表。

从结果可以看出，“ja”的加权有两倍高，出现在结果中的次数也更多。

和choices()类似的方法叫choice()，它总是从列表中返回一个元素，不接受其他参数。

摇动列表——不是搅动

虽然我们还不打算回顾random的所有可能性，但有一件事值得一提：借助shuffle()方法对一个列表进行随机排序。

```
spieler = ["Hans", "Lilly", "Igor", "Bert", "Anja"]
random.shuffle(spieler)*1
print(spieler)
['Hans', 'Bert', 'Igor', 'Lilly', 'Anja']*2
```

*1借助shuffle()方法可以使一个列表长久地（至少在程序运行期间）保持改动。

*2被传递的列表发生了改变，元素进行了重新排序。

从列表中选出赢家

借助sample()方法可以从一个现有列表中随机提取一个元素相对应的数字，该元素应当是独一无二的：每个元素只能被提取一次。原本的列表本身不会发生改变。

```
spieler = ["Hans", "Lilly", "Igor", "Bert", "Anja"]
print(random.sample(spieler, 2*1))
```

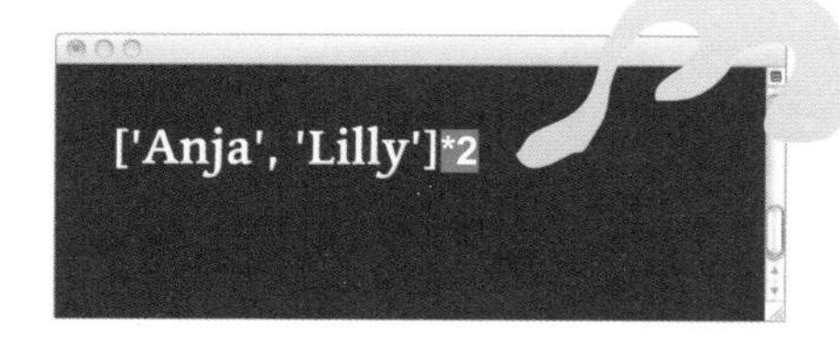

*1从指定列表中提取两个元素。

*2返回一个新的列表，其中没有元素被重复提取。

还可以借此提取抽奖号码。
每个元素（每个球）只能被提取一次。

操作一下吧！

成为百万富翁——抽奖程序

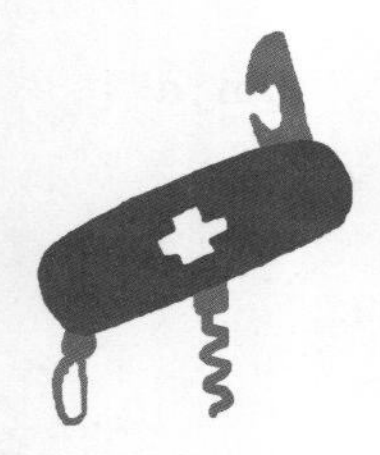

【简单的任务】
编写一个抽奖程序，从数字1和49之间提取6个数字输出。结果以从小到大的顺序进行排列。

首先调用random：

*2 通过range()方法从1和50（不包括50）之间产生数字——也就是到49。

*1 从range()方法传递的数字中产生一个列表，存储在lottozahlen中。

```
import random
lottozahlen = list*2(range(1,50)*1)
ziehung = random.sample(lottozahlen, 6)*3
ziehung.sort()*4
print(ziehung)
```

*3 借助sample()方法从列表lottozahlen中返回6个数字。

*4 在此进行排序，然后输出。

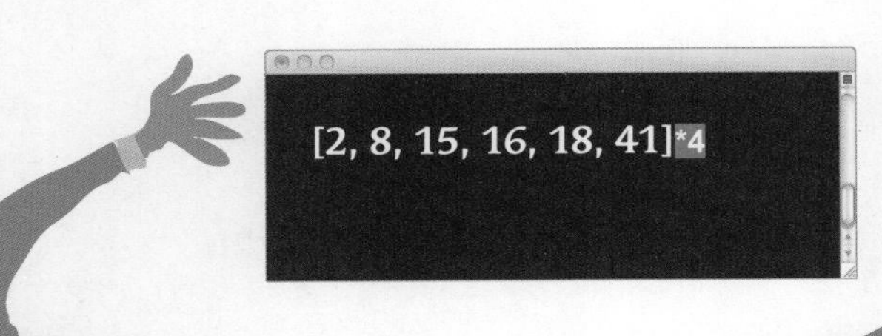

但是我也可以使用一个简单的循环，然后输出6个随机数呀！

但是这样你很有可能得到重复的数字。借助sample()方法可以避免提取重复的数字！借助random.seed(42)会得到如上所示的相同数字。

还可以进行完善：现在抽取中奖号码！

【艰巨的任务】

应当抽取并输出一个中奖号码！

中奖号码也不应再次出现。

```
import random
lottozahlen = list(range(1,50))
```

到目前为止一切都没有改变。

*1 这里提取更多的随机数——为了抽取中奖号码。一次性提取所有需要的数字，借助sample()方法避免出现重复值。

```
ziehung = random.sample(lottozahlen, 7)*1
zusatzzahl = ziehung.pop(0)*2
ziehung.sort()*3
print("Die Ziehung:", ziehung)
print("Zusatzzahl:", zusatzzahl)
```

*2 借助pop()方法将任意一个数字，这里干脆用第一个数字，从列表中剪切出来，同时存储为zusatzzahl。因为列表还没有进行排序，所以中奖号码是随机的。

*3 现在才可以对包含随机数的列表进行排序，否则中奖号码总是最小的数字！

最后输出所有内容。

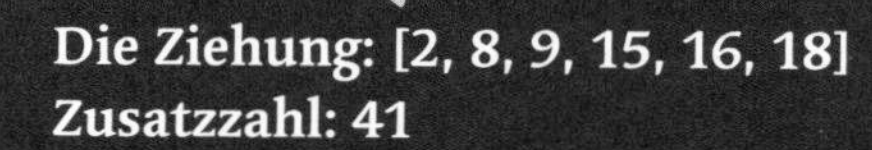

祝你在中奖游戏中好运！

随机数的其他分布

随机数并不只是随机数那么简单。它还可以有不同的分布。

在最简单的情况下，随机数是平均分布的——就好比你在掷一枚骰子。当你掷了足够多的次数时，每个数字出现的概率几乎相同。这就意味着，每掷600次，从1到6的数字各出现100次。当然，前提是骰子没问题。

我们仔细看一下。

可以借助Python大名鼎鼎的随机函数进行操作，但是借助NumPy更容易。让我们用NumPy掷一枚（假想的）六面的骰子600次。

*1调用它很简单。前提是已经完成了NumPy的安装。

```
import numpy as np*1
gewürfelte_liste = np.random.randint(1, 7, 600)*2
print(gewürfelte_liste)
```

*2这里NumPy的方法randint()在random中发挥作用。借此可以产生整数的随机数。

仔细看一下：

```
np.random.randint*1(1*2, 7*3, 600*4)
```

*1方法randint()实际上产生的是整数的随机数，好像是为虚拟的骰子而做的。

*2第一个被传递的值是下限，包括下限本身。

*3第二个值是上限，不包括上限本身。这个值本身不被获取。

*4这里产生从1到6的随机数。这样操作也很实用：借助第二个参数可以指定产生多少个从1到6的随机数作为列表返回。

结果是这样的（或其中的一部分）：

```
[3 5 2 2 6 5 3 1 4 3 6 6 5 2 6 2 6 4 2 3 6 2 1 4 5 6 5 1 6 5 3 1 1 3 2 6 2
3 2 3 4 2 5 1 3 6 1 5 2 3 6 6 5 5 2 6 4 5 3 3 3 1 5 2 …
```

用分布看起来是什么样的？

说实话，借助这样一个简单的数字序列无法进行辨认。为了更好地看出分布如何，我们打算在图像中显示。对此我们借助一个非常实用的图像库——Matplotlib。在《漫画学Python：完美实践》第二章中会详细用它处理图表。为了让你自己也能进行编程，这里会引用相关代码：

```
import matplotlib.pyplot as plt*1
plt.hist*2(gewürfelte_liste*3, bins=6*4,
         color='mistyrose', edgecolor='black'*5)
plt.show()*6
```

*1从matplotlib中调用pyplot。当然需要安装matplotlib。

*2从所有matplotlib提供的不同图表中选择直方图。

*3传递带有所有掷出的值的列表。

*4借助bins（箱子或桶）表示柱状图。因为可以得到6个不同的值，所以我们使用6个相应的bins。

*5这里对柱状图的颜色和框架进行美化。

*6借助show()方法在单独的窗口中进行绘制。

【术语定义】

借助直方图可以描述指定值的频次，确切地说是以柱状图的形式。在虚拟的骰子中，将值划分为6个柱状图是有一定道理的。柱状图的高度显示了值出现的频率。

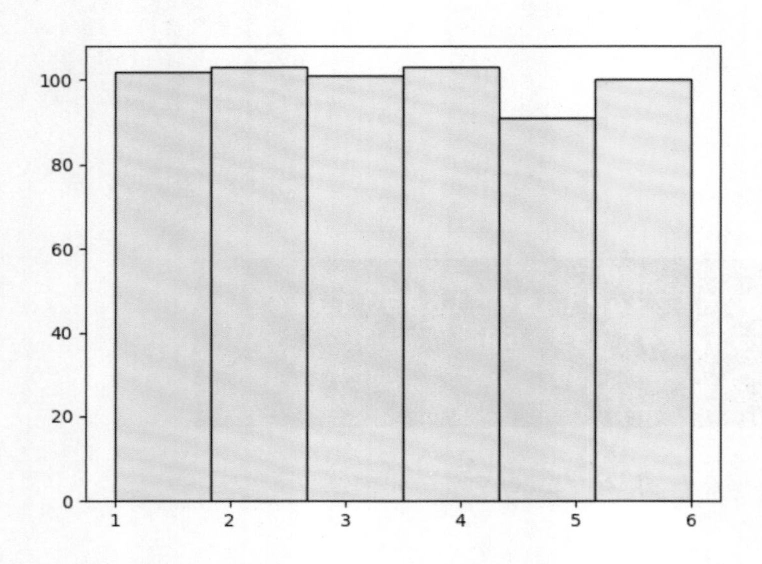

将这样一个数字以图表形式呈现非常出色。

你看：每个数字被掷不同次，但掷到的频率几乎相同。每个值大约出现100次。值基本上均匀分布！很明显，6个柱状图高度几乎相同。

值自动分布在现有的柱状图中。如果随机数不是介于1和6之间，而是介于0和1之间，那么*X*轴上的刻度值会有所不同，但是柱状图基本相同：

```
import matplotlib.pyplot as plt
import numpy as np
kleine_werte = np.random.rand*1(600*2)
plt.hist(kleine_werte*3, bins=6,
         color='mistyrose', edgecolor='black')
plt.show()
```

*1借助rand()方法，从0和1之间随机产生浮点数。

*2这里也产生600个值，并作为列表返回。

*3新的列表将传递给hist()方法，然后绘制出来。所有的值，即使它们介于0和1之间，我们也将它们划分为6个柱状图。

这些值看起来是这样的：

```
[8.32355173e-01 1.85689462e-01 4.62944853e-01 4.14259655e-01
 9.10681802e-01 3.60546689e-01 1.94266352e-01 7.21305902e-01
 6.34212935e-01 5.46987581e-01 8.44768778e-01 2.03023434e-01
 6.42900693e-01 7.02541664e-01 1.08531178e-01 9.88956674e-02
 9.52337942e-01 2.57425211e-01 7.69965999e-01 7.67905242e-01 ...
```

图表形式看起来是这样的：

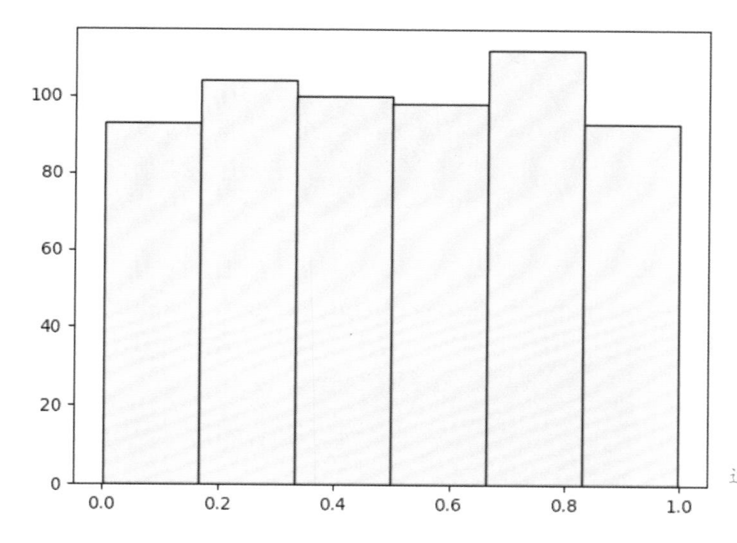

当然存在一些误差，但是这里的值基本均匀分布。

正态分布的值

相反，正态分布的值看起来有所不同。在这样一个正态分布中，大多数的值（存在一些误差）围绕着某个值分布。

可以举个具体的例子吗？

如果对路上所有车辆的车速进行测量，那么大多数的车辆都以50千米/小时的速度行驶。其中有些行驶得更快，有些行驶得更慢，但是它们基本都围绕着50千米/小时的速度行驶。

借助普通的随机数进行模拟或许会很复杂，最后大多数车辆也应当围绕着50千米/小时的速度行驶，并且速度在1千米/小时和50千米/小时之间平均分布。

借助正态分布的随机值可以很好地完成模拟：

*1 这里是期望值mu，也就是所有其他值围绕着的值，这里是50千米/小时。

*2 然后还需要一个方差。借此来指定每个结果偏离期望值的强度。

换句话说：方差sigma越大，越少的驾驶员保持50千米/小时的车速，相对而言车速更高（或者更低）。

```
mu = 50*1
sigma = 5*2
anzahl = 999*3
normalverteilt = np.random.normal*4(mu, sigma, anzahl)
```

*3 计算999辆经过的汽车。

*4 为此借助normal()方法传递我们的三个值。

再以图表，也就是柱状图的形式输出：

```
plt.hist(normalverteilt, bins=20,
        color='mistyrose', edgecolor='black');
plt.show()
```

到目前为止都没有改变，但我们选择20个bins进行细分和描述。

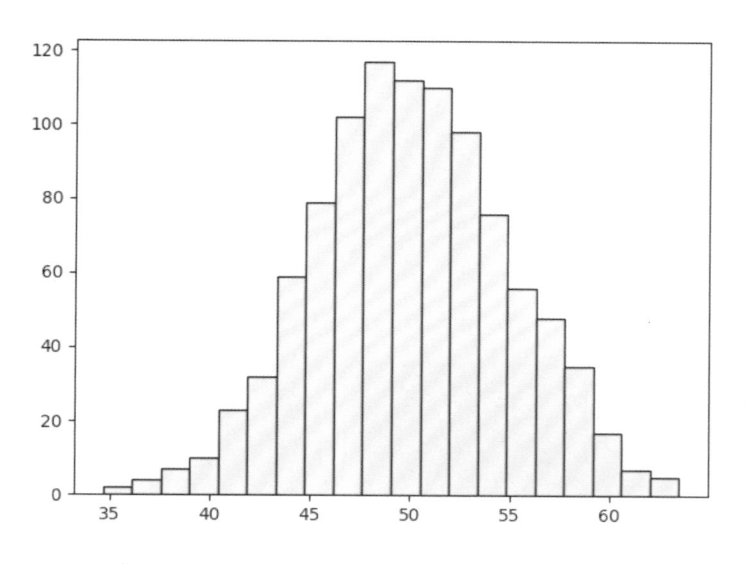

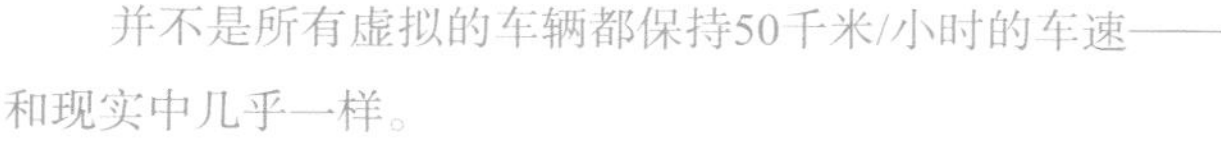
并不是所有虚拟的车辆都保持50千米/小时的车速——和现实中几乎一样。

除了正态分布还有其他分布，如逻辑分布logistic、泊松分布poisson或者二项分布binomial，不过这就扯得太远了。

关于数组

NumPy不仅能很好地处理随机数，也很擅长处理数组。NumPy并没有单独进行创新，而是和Python一起合作。NumPy甚至比Python更加严格：NumPy数组中的所有数据都必须具有相同的数据类型。对不同的数据类型进行任意混合是不可能的。

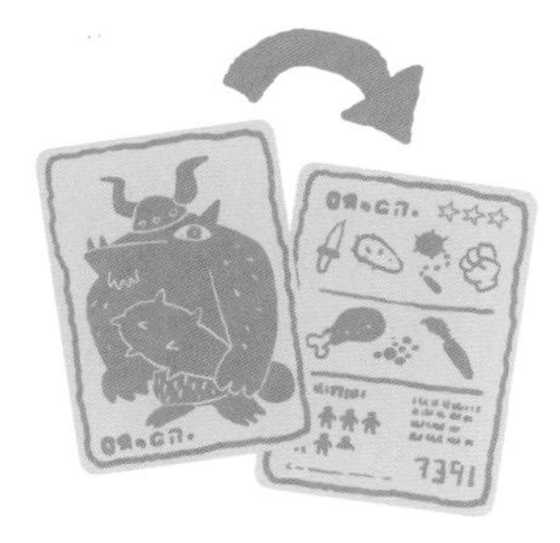

【背景信息】

NumPy数组在Python中和列表或元组是具有可比性的。一个数组几乎可以存储任意多的值。数组实际上在所有编程语言中都存在。

如果用NumPy设置一个简单的一维数组，则可以给这些数据使用普通的Python列表或者元组。

```
import numpy as np
dukaten = (10, 12, 17, 42, 0.7)*1
numpy_dukaten = np.array(dukaten)*2
```

*1 数据怎样存在根本不重要。列表还是元组？都无所谓！

*2 借助array()方法可以产生一个真实的NumPy数组！

最终从杂乱的dukaten中产生真实的NumPy dukaten：

```
print(numpy_dukaten)
```

```
[10.  12.  17.  42.   0.7]
```

为什么所有数字都带一个点号？

因为在NumPy中，数组的所有元素都必须是相同的数据类型。在元组dukaten中，几乎所有数字都是整数。只有0.7是浮点数。

怎么办呢？

在这种情况下，NumPy自动将所有元素转换成相同的数据类型，确切地说，在没有数据丢失的情况下，将所有的数据匹配成新的数据类型。因为浮点数，如0.7想要转换为整数，相应的值就要变为0或1，这是行不通的，所以将其他值转换为浮点数，这样就不需要改变值。

如果一段文本混入了原先的元组，那么所有的元素在新的NumPy数组中就转变为字符串类型：

```
import numpy as np
dukaten = (10, "Schrödinger"*1, 12, 17, 42, 0.7)
numpy_dukaten = np.array(dukaten)
```

*1 字符串"Schrödinger"顺利混进了数字中。

```
['10' 'Schrödinger' '12' '17' '42' '0.7']*2
```

*2 在新的数组中，所有的值也转换成了字符串。

这样就不会丢失任何数据。

但是回到我们的第一个数组……

一些快速运算

【简单的任务】
为第一个数组计算出最大值、最小值、总数、中间值和标准差。

哎呀，那你肯定为我准备了一些有用的函数！？

没错，NumPy刚好有一些有用的函数提供给你：max()、min()、sum()、mean()和std()。当然，这些函数只能处理数字，在我们的案例中，只能处理第一个没有字符串的值，即没有"Schrödinger"：10、12、17、42、0.7。

好的，已经够用啦！

```
print("Maximum:", np.max(numpy_dukaten))
print("Minimum:", np.min(numpy_dukaten))
print("Summe:", np.sum(numpy_dukaten))
print("Mittelwert", np.mean(numpy_dukaten))
print("Standardabweichung", np.std(numpy_dukaten))
```

```
Maximum: 42.0
Minimum: 0.7
Summe: 81.7
Mittelwert 16.34
Standardabweichung 13.8745234
```

也可以通过索引号给每个元素赋这样一个数组。
索引号0对应第一个元素。

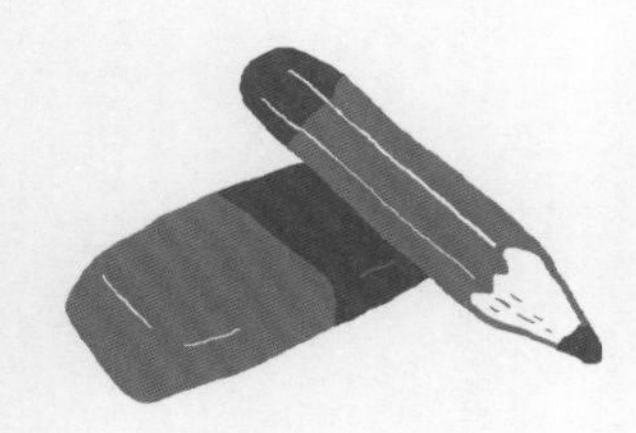

【笔记】
很容易就可以通过属性size确定数组的长度。例如，numpy_dukaten.size返回5，因为这个数组中有5个元素。当然，表示成len(numpy_dukaten)也可以。

因此，numpy_dukaten[3]返回42.0，numpy_dukaten[1]返回12.0。

同样，很容易就可以借助索引号修改数组里的值：

```
numpy_dukaten[4] = 13
print(numpy_dukaten)
```

如果指定两个值，并用冒号分隔，那么会返回第一个指定索引号到第二个指定索引号之间的值。如果这两项值为空，那么左侧代表数组的开头，右侧代表数组的结尾：

numpy_dukaten[1:3]返回[12. 17.]

numpy_dukaten[:3]返回[10. 12. 17.]

numpy_dukaten[1:]返回[12. 17. 42. 13.]

【笔记】
原本的数组保持不变。如果还想对结果进行处理，则必须存储它。

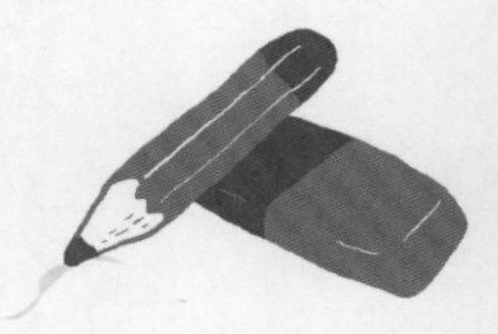

但是这样的魔法也是有可能实现的：

一个单独的负数（没有冒号）从后面开始提取一个值：

numpy_dukaten[-2]返回42.0

第一个位置为负数，后面加上冒号，则提取最后几个数字，如果为-3，则提取最后三个数字：

numpy_dukaten[-3:]返回[17. 42. 13.]

如果负数在第二个位置，前面加上冒号，那么提取到指定数字的所有元素，如果为-3，则提取除后三项以外的所有数字：

numpy_dukaten[:-3]返回[10. 12.]

还有一些功能：

可以指定开始、结尾和步长。

```
numpy_dukaten[1:4:2]
```

```
[12. 42.]
```

```
numpy_dukaten[::-1]
```

通过省略开始和结尾的前两个值，输出后面所有的值。

```
[13. 42. 17. 12. 10.]
```

每间隔一个值读取并返回一个值。

```
numpy_dukaten[::-2]
```

```
[13. 17. 10.]
```

可以借助append()方法给NumPy数组添加新的值，甚至其他的数组。

```
neues_array = np.append(numpy_dukaten, 123*1)
weiteres_array = np.append(numpy_dukaten, (1,2,3)*2)
```

*1确切地说，并不会添加值123。第一个数组和新的值组合成一个新的数组。

*2同样，可以指定第二个数组来替代一个值，从而组合成一个新的数组。

```
[10. 12. 17. 42. 13. 123.]
[10. 12. 17. 42. 13. 1. 2. 3.]
```

你看：实际上是通过append()方法将两个数组（或者一个值和一个数组）按照指定的顺序组合在一起。返回一个新的数组，然后进行存储。也就是说，原本的数组保持不变！

建立一个数组

给定这样一个元组：

```
taler = (1,2,3,7,9,0)
```

【简单的任务】
从给定的元组建立一个NumPy数组，看起来是这样的：[10 9 7 3 2 1]。

因此，应该将数组中的值反过来，然后将现有的值0用10替代。

我可以做到！

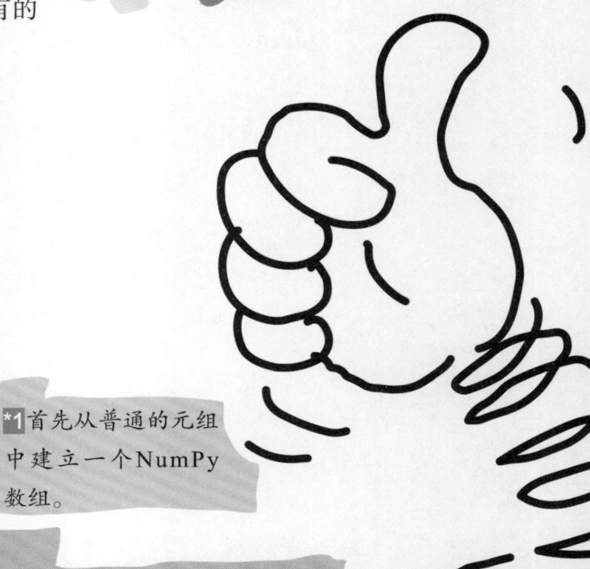

首先是开始部分。

```
import numpy as np
taler = (1,2,3,7,9,0)
```

然后进行选择：

*1首先从普通的元组中建立一个NumPy数组。

```
numpy_taler = np.array(taler)*1
numpy_taler = numpy_taler[::-1]*2
numpy_taler[0] = 10*3
print(numpy_taler)
```

*2然后将数组的值颠倒，并且再次赋给相应变量。当然，也可以使用其他变量。

*3接着用10替换0。

现在就形成了想要的数组！

减少手动操作——数组和arange

借助NumPy可以建立任意数组。魔法般的关键字就是arange!

最多可以指定4项参数，借此NumPy可以演变出一个新的数组。如果不想进行太多输入，但是又需要一个带有从5到25浮点数的数组，且需要间隔一个数字，那么这样操作很简单：

```
magisch = np.arange(start=5*1,stop=26*2,step=2*3,dtype=float*4)
```

*1这是起始值，包括其本身。我们的数组从5开始。

*2到这里停止，这个值本身不会在数组中使用。

*3这当然是步长。

*4这里可以指定数据类型。

```
[5. 7. 9. 11. 13. 15. 17. 19. 21. 23. 25.]
```

如果将这些参数以这种顺序呈现，那么只需要指定值：

```
magisch = np.arange(5,26,2,float)
```

你不需要的值可以作为参数被删除。如果只输入一个数字，那么它将以终点值的形式呈现；开始为0，步长为1，数据类型由输入的值确定：

```
magisch = np.arange(10.1)
```

```
[0. 1. 2. 3. 4. 5. 6. 7. 8. 9. 10.]
```

关于多维数组

NumPy不仅可以处理一维数组，也可以很好地处理多维数组。

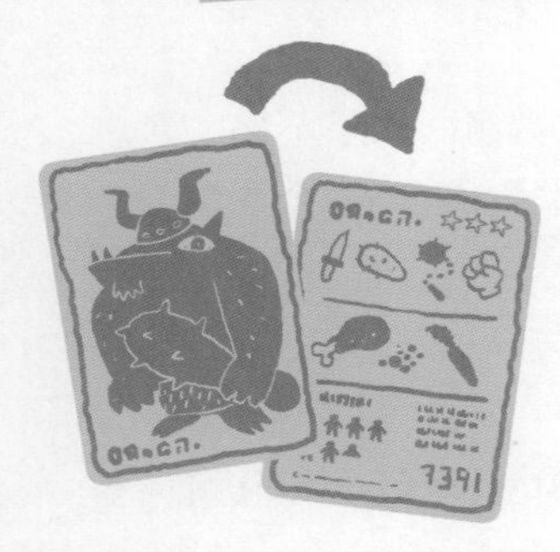

【背景信息】

NumPy可以很好地处理矩阵。之前甚至存在一个单独的矩阵类，即matrix。但是在NumPy中，数组更加灵活、高效，以至于可以放弃类matrix，只使用元组。确切地说，如果在NumPy中使用array，则将类ndarray作为背景使用。

这里使用二维数组就足够了。

仔细看一个简单的数组：

*1这里有三个小的列表，借此生成一个NumPy数组。借助元组也不错。

```
import numpy as np
einfaches_array = np.array([[1,2,3], [4,42,6], [7,8,9]*1]*2)
print(einfaches_array)
```

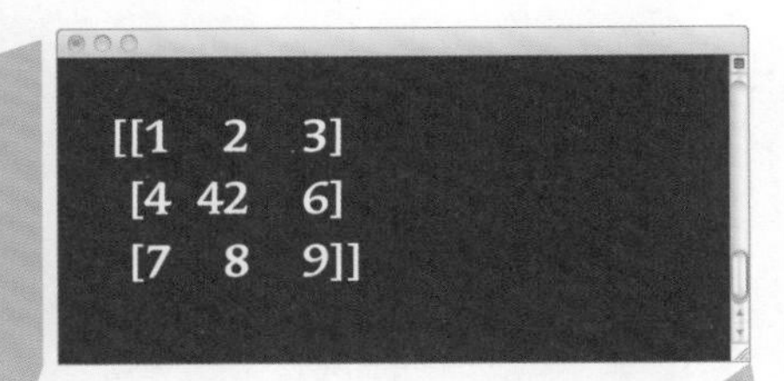

*2这三个列表是一个大列表的一部分。重要的是将所有数据作为一个元素传递给NumPy。另外，需要将数据标记为二维的。

当然这还不是全部。每个NumPy数组都有不同的属性，很容易就可以查询出：

想象一下，对这些属性进行调用，不用括号，看起来就像变量。

```
print(einfaches_array.ndim)
```

借助ndim可以查询数组的维数。在我们的案例中就是二维。

数组的形式用shape即可查询。这里还有一种形式为(3, 3)。

数组的大小，即数组有多少元素，可以通过size()方法获知，这里数量为9。

借助dtype查询数据类型。如例子中的整数数字，可以得到结果int64。

当然，也可以使用学过的一些方法（如max()）查询元素的大小：

```
print(einfaches_array.max())
```

又是数字42！

通过索引号可以获取数组的各个元素，也可以读取和添加新的值。[0, 0]在右上角，索引号从0开始。第一个值表示行数，第二个值表示列数。右下角是小数组[2, 2]，它对应的值是9。

这样读取一个值：

```
print(einfaches_array[1,1])
print(einfaches_array[0,2])
```

```
42
3
```

这样修改一个值：

```
einfaches_array[2,2] = 99
print(einfaches_array)
```

```
[[1  2  3]
 [4 42  6]
 [7  8 99]]
```

用数组进行精细处理

谁说使用数组非常无聊？

特别是当你可以执行非常棒的操作的时候？

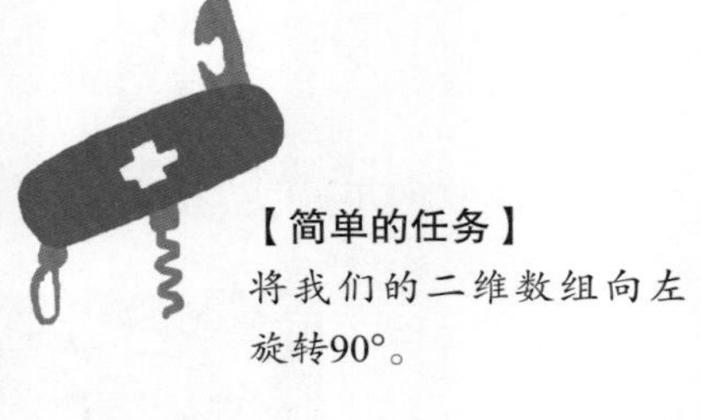

【简单的任务】

将我们的二维数组向左旋转90°。

那么看起来会是这样的：

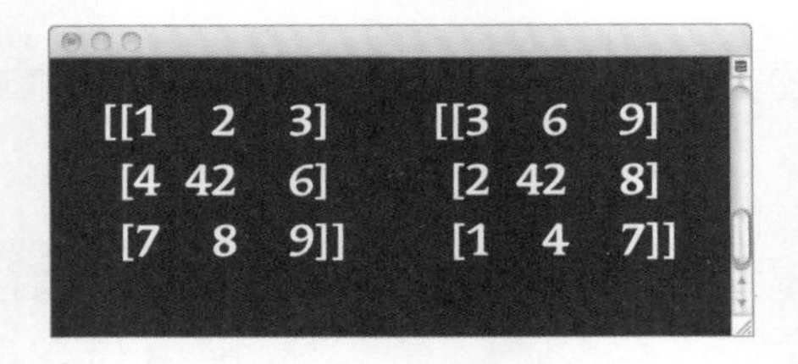

```
[[1  2  3]     [[3  6  9]
 [4 42  6]      [2 42  8]
 [7  8  9]]     [1  4  7]]
```

左边为原来的数组，右边为旋转了90°以后的数组。

我要对它进行计算吗？？？

肯定有窍门吧？

借助rot90()函数可以将一个作为参数的数组向左旋转90°，甚至可作为第二个可选参数指定旋转的频次为多少。其返回的值为新的被旋转后的数组。

```
anderes_array = np.rot90(einfaches_array)
print(anderes_array)
```

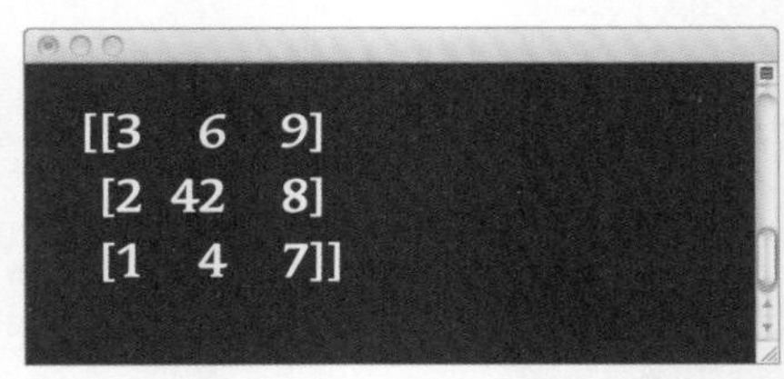

```
[[3  6  9]
 [2 42  8]
 [1  4  7]]
```

借助函数zeros()和ones()可以产生由0和1组成的数组。如果指定一个整数作为第一个参数，则会产生一个一维数组。如果指定的是一个列表和两个整数，那么产生的是一个相应大小的二维数组。第一个数字表示行数，第二个数字表示列数，即每一行有多少元素。借助可选参数dtype可以指定数据类型。

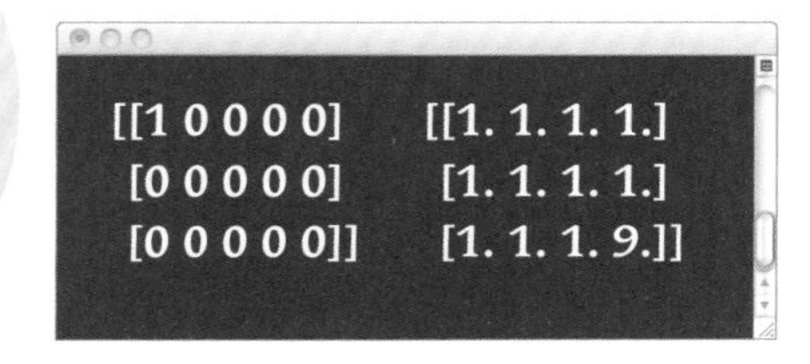

首先需要产生两个带有0和1的数组：

```
erstes_array = np.zeros((3,5)*1, dtype=int)
zweites_array = np.ones((3,4)*1, dtype=float)
```

*1 第一个值表示行数，第二个值表示每一行的元素数量。

然后需要修改数组中的各项值：

```
erstes_array[0,0] = 1
zweites_array[2,3]*1 = 9
```

*1 这里第一个值也表示行数，从0开始；第二个值表示列数，也从0开始。

用数组进行计算

最后我们想展示如何用NumPy数组进行计算。

更确切地说，怎么计算更容易！

你想将数组的所有元素和一个数字相乘吗？所有数字加2，或者给每个值加上一个数字？没有比这更简单的了。你只需要为NumPy数组赋相应的公式和值。对此，使用数组einfaches_array的原始方差。

```
print(einfaches_array*3)*1
print(einfaches_array**2)*2
print(einfaches_array+10)*3
```

*1 首先是乘法，结果是左侧的数组。

*2 所有值加上2，结果为中间的数组。

*3 进行简单的相加，结果为右侧的数组。

```
[[ 3   6   9]   [[ 1    4   9]   [[11 12 13]
 [12 126  18]    [16 1764  36]    [14 52 16]
 [21  24  27]]   [49   64  81]]   [17 18 19]]
```

还有什么可能呢?

NumPy也有计算正弦、余弦和正切的方法，分别用函数sin()、cos()和tan()实现，就好像将所有元素用特定的条件进行测试。

```
print(np.sin(einfaches_array))
```

例如，这里计算每个元素的正弦值。

```
[[0.84147098   0.90929743   0.14112001]
 [-0.7568025  -0.91652155  -0.2794155]
 [0.6569866    0.98935825   0.41211849]]
```

```
print(einfaches_array > 5)
```

对所有元素设置条件进行判断。如果元素大于5，则输出True，否则输出False。

```
[[False  False  False]
 [False  True   True]
 [True   True   True]]
```

还有一点!

如果数组大小相同，甚至可以使它们相加、相减、相乘或者相除：

```
eins = np.array([[1,2,3], [4,5,6]])
zwei = np.array([[4,5,6], [7,8,9]])
print(eins + zwei)*1
print(eins * zwei)*2
```

*1 这里是一个简单的加法。两个数组中相同位置的元素相加，作为结果返回一个新的数组。

*2 这里和加法一样，两个数组中相同位置的元素相乘。

```
[[5   7   9]
 [11  13  15]]*1
[[4  10  18]
 [28  40  54]]*2
```

这仅适用于数值，不可用于字符串。

你学到了什么？我们做了些什么？

让我们做个简短的总结：

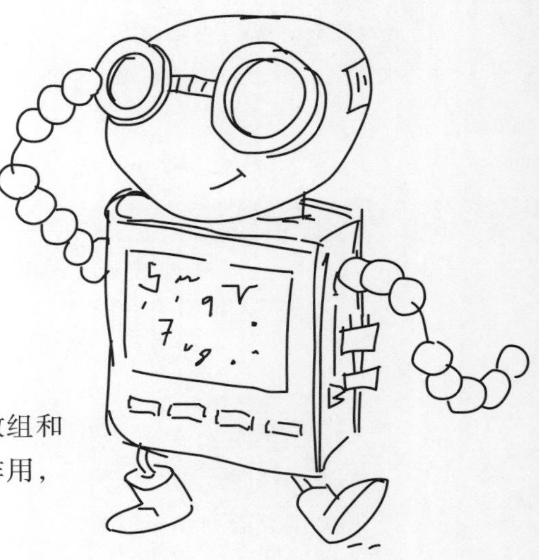

随机数不只是随机数。它们可以使用不同的类型，也可能有不同的分布。它们可能是平均分布，也可能是正态分布。结果可能因为不同的应用产生巨大的差异，例如在模拟中。

NumPy是一个特别的库，在随机数、数组和矩阵（数组的特殊类型）中发挥了很大的作用，并且可以减小计算的工作量。

借助NumPy可以从数组中剪切出任意一部分，可以借助魔法般的arange建立数组。

多维数组也很有趣。虽然在这样的数组中，所有的值必须为相同的类型（或者自动转换），但是这只是一个很小的限制。可以查询不同的信息，旋转数组，从而进行计算或者使用数学函数。

—第六章—

按钮组件、GUI
和布局管理器

图形界面

用print()函数进行输出不仅实用，而且方便。为了让程序更加具有吸引力，图形界面总是最好的选择。借助模块tkinter，可以为程序建立一个图形界面。虽然使用不同的布局管理器不一定容易，但是它们对格式化有很大的帮助！

当然，在命令行进行输出既方便又快捷。
不知何故，对命令行进行操作是有一定仪式感的。

但保持美观大方也不容忽视，尤其是因为通过GUI可以非常清晰地呈现输入、数据和信息——比在命令窗口中以命令行的形式输出。

【术语定义】
GUI是图形用户界面，即Graphical User Interface的缩写。

Python提供了tkinter模块。借此你可以用很少的几行代码建立一个图形界面。这个有点奇怪的名字表示Tk Interface，因为Python使用模块tkinter中一个名为Tk的组件来根据你的命令生成一个图形界面。

Tk相当于一个图形库，它独立于Python存在，可以在多个平台中使用，如Windows、Linux、macOS。

在不同的系统中，Tk提供了图形界面所需要的窗口、按钮、输入框和文本框等所有工具。因为Tk是跨平台的运行模式，所以不需要考虑在macOS、Windows或Linux中如何建立按钮（实际上差异很大！），这是Tk组件的工作。你需要的只是模块tkinter！

这很简单：

```
import tkinter as tk*1

fenster = tk.Tk()*2
fenster.geometry("300x100")*3
fenster.title("Schrödingers Fenster")*4

element = tk.Label*5(fenster*9, text="Hallo Welt!")*6
element.grid(row=1, column=1)*7

fenster.mainloop()*8
```

*1没错，你需要模块tkinter，并将它作为tk调用。虽然这不是强制性的，但这一操作很常见。

*2这里是定义窗口需要的所有工具。

*3借助geometry（可选）定义窗口的大小。

*4借助title设置窗口的标题。这也是一个可选命令。

有了它，就有了创建（空）窗口所需的一切，但你也想在窗口中显示一些内容：

*5借助Label创建一个在窗口中描绘的对象。这里是一段简单的文本。

*6对象必须弄清应当在哪个窗口进行呈现，因为可能存在很多窗口。你将这个信息作为参数传递。

*7这里是布局管理器。它必须弄清对象在哪里被呈现。这里会显示列和行。

*8一个带有界面的程序不是只运行一次，然后就结束了——只要窗口没有关闭，它就一直在运行。这由主循环，即mainloop控制。

*9实际上，你不必将窗口指定为参数。在不指定的情况下，每个元素都被分配给程序中的第一个指定窗口。无论如何，这都是一种很好的风格（可读性更好）。

【背景信息】

在Python 2中这个模块实际上叫作Tkinter，首字母为大写。切换到Python 3后，为了避免过多的改动，对Tkinter或者tkinter的导入统一使用as将其重命名为tk。

薛定谔世界的第一个窗口。

太棒了，
但究竟什么是布局管理器呢？

【术语定义】
如果一个程序窗口设置完成，并且为其指定了元素，那么只剩下对图形界面的制作。更重要的是，对文本和图形元素进行定位或者将它们设置在一起。这就是布局管理器的任务！如果你忘记用布局管理器指定元素，那么它就是不可见的。

如果内容或窗口大小发生改变，那么按钮或文本放置在哪里呢？这也是工具包中的布局管理器所负责的内容。

布局管理器grid将元素整理在一个活动栅格中。理论上，元素通过命令以行（row）或列（column）的形式被整理到一个坐标系中。之所以说是理论上的，是因为这些命令非常灵活。不需要对每个坐标进行定义。如果坐标为空，那么它们好像不存在一样。如果只存在两个坐标为1.1和1.7（分别表示行和列）的元素，那么空坐标就不会被关注，同时这两个元素靠在一起。如果存在一个元素1.3，那么它就位于其他两个元素之间！

与此同时，除了grid还存在两个其他的布局管理器，通过它们可以对元素进行不同的定位。我们简单看一下！

关于布局管理器pack和框架

布局管理器pack的快速介绍：借此你可以将事物按照方向彼此定位。

```
import tkinter as tk
fenster = tk.Tk()
hallo = tk.Label(fenster, text="Hallo")
hallo.pack*1(side=tk.LEFT*2)
welt = tk.Label(fenster, text="Welt")
welt.pack(side=tk.RIGHT*2)
schrödinger = tk.Label(fenster, text="Schrödinger")
schrödinger.pack(side=tk.TOP*2)
katze = tk.Label(fenster, text="Katze")
katze.pack(side=tk.BOTTOM*2)
fenster.mainloop()
```

*1使用布局管理器pack替代grid。

*2通过命令LEFT、RIGHT、TOP或者BOTTOM对元素进行定位。

虽然分散在各个方向，但非常直观。

在不指定方向的情况下，元素居中并简单地相互排列。

重点：通过命令对元素位置的设置，总是参照前一个元素！

如果分别用side=tk.LEFT对Schrödinger和Katze进行定位，则会产生下列结果：

整体看起来都不一样了！

这解释起来很简单。第一个元素Hallo左对齐，并位于左侧。第二个元素Welt右对齐，并位于右侧。然后是Schrödinger，它左对齐，并位于元素Welt左侧。最后一个元素Katze也向左对齐，但它跟在一个本身向左对齐的元素后面，因此Katze必须紧随其后。

还有一个元素对每个布局管理器都很重要。这就是框架，即Frame，它可以像元素一样创建，不过它本身没有内容。

和给一个窗口分配一个元素一样，也可以给一个框架分配一个元素：

```
import tkinter as tk
fenster = tk.Tk()
kasten = tk.Frame(fenster, bg="red", borderwidth=5)*1
kasten.pack()*2
hallo = tk.Label(fenster, text="Hallo")
hallo.pack(side=tk.LEFT)
welt = tk.Label(fenster, text="Welt")
welt.pack(side=tk.RIGHT)
schrödinger = tk.Label(kasten*3, text="Schrödinger")
schrödinger.pack(side=tk.LEFT)
katze = tk.Label(kasten*3, text="Katze")
katze.pack(side=tk.LEFT)
fenster.mainloop()
```

*1 这里对Frame进行定义，并分配给fenster。通过参数获取颜色和边框，从而可以更好地进行识别。

*2新的对象kasten必须自己赋给布局管理器。如果没有参数，则布局管理器pack中的一个元素总是位于中上方。

*3Schrödinger和Katze并不被直接赋给窗口，而是被赋给新的框架kasten。

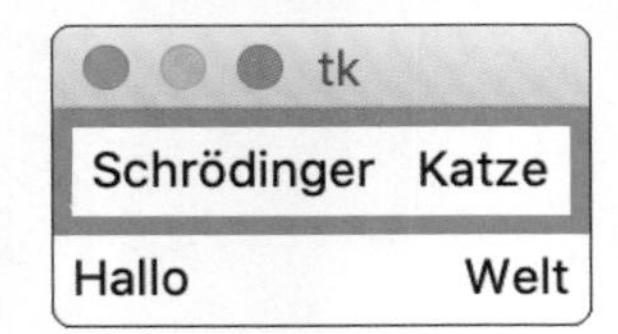

Schrödinger和Katze结合在框架kasten中，这是窗口中的第一个元素，因此位于顶部。

此外，还可以创建更多的窗口，给不同的窗口赋不同的元素：

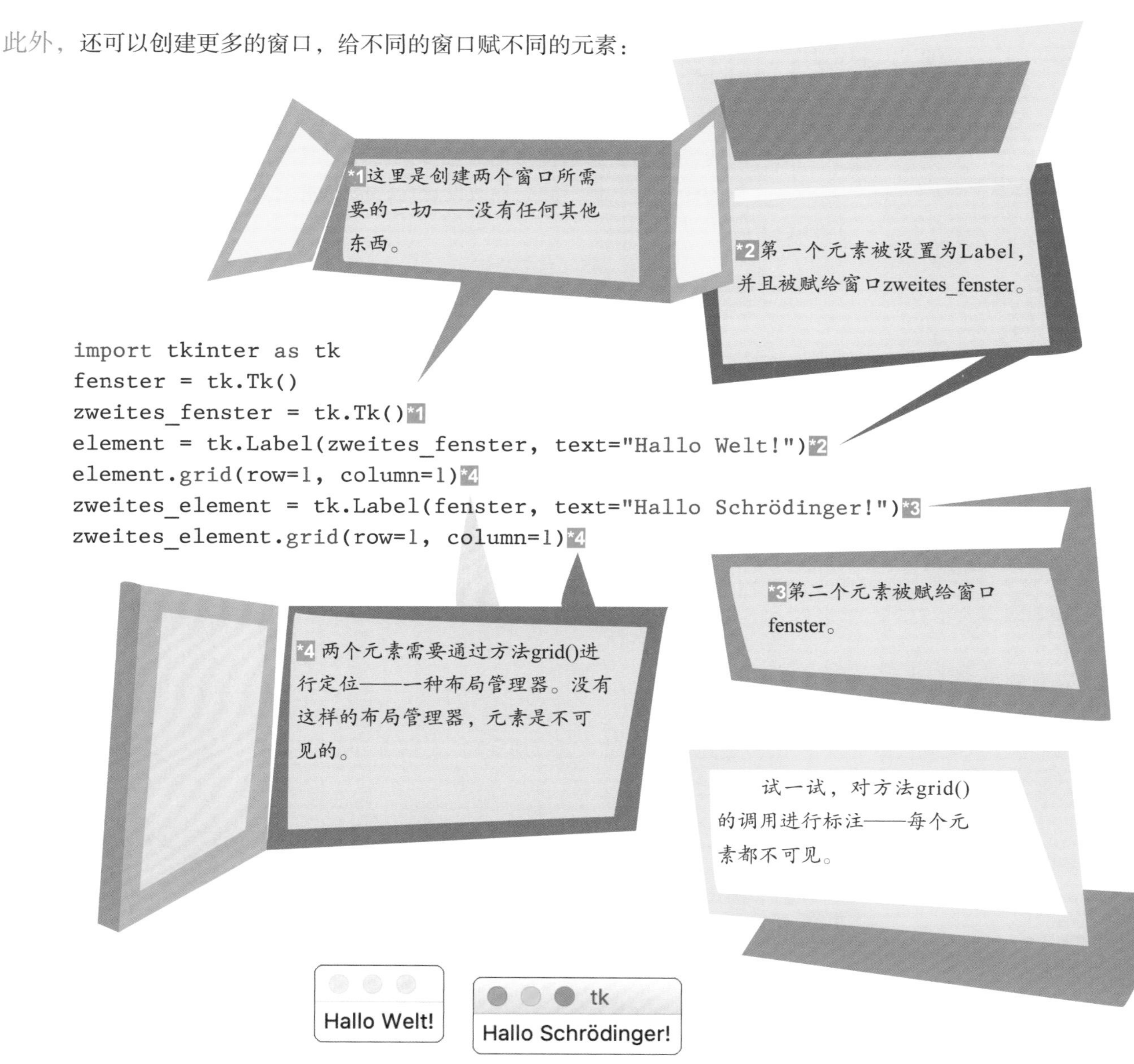

两个窗口——很容易就能创建！

如果不是通过窗口对一个或两个Label元素进行命令设置，那么这个元素将出现在第一个被定义的窗口中。因为变化可能很快（没有什么比程序代码的变化更快了！），原则上应当通过窗口命令进行操作！

借助窗口

窗口的内容和描绘风格都可以通过参数控制。其实比你在第一个程序中看到的多得多。你的任务是，将不同的参数设置为Label，并对其进行定位，同时设置不同的颜色。

我可以做到，
但是我怎么设置颜色呢？

如果调用Label，就必须为背景色指定参数bg，为前景色指定参数fg。可以用英文单词表示颜色。除了常见的颜色，如red、green、blue、yellow、grey、black或white，还有400多种其他颜色和色阶，如lavender、snow、ghost white、peach puff、alice blue、grey1、grey2、grey3、grey4等。

用十六进制将颜色设置为**RGB**会更加简单。

魔法值？

【笔记】

每个颜色都可以表示为RGB值：如果红、绿、蓝（分别作为有色光）以不同的亮度进行混合，则可以产生各种颜色和亮度。想象有三盏红色、绿色和蓝色的灯紧紧靠在一起。如果三盏灯都以最大的强度发光，则会产生黑色。如果只亮红色的灯，那么产生的颜色也是红色。如果亮红色和绿色的灯，则会产生黄色。这样就会产生或者说混合出所有颜色。

这些RGB值在十六进制的数字系统中产生。此外，计数方式不是从0到9，然后由10变为两位数，而是从0到F，也就是0–1–2–3–4–5–6–7–8–9–A–B–C–D–E–F。在这以后才进入下一个位数。

简单想象一下，你有16个手指可以数数，而不是10个。

十进制的数字15在十六进制写法中表示为F或者f。字母大写或小写都可以。十六进制的数字16表示为10，十进制的数字255则表示为FF。通过十六进制的写法，可以用更少的位数表示数字。

对于红、绿、蓝混合而成的颜色，分别用0 ~ 255来表示它们的值，和十进制相比，至少可以节约三个位数：红255—绿255—蓝255，即255 255 255。白色为缩写的十六进制#FFFFFF。井号（#）表示这是一个十六进制的颜色。

如果想给一个元素指定红的背景色和蓝的前景色，则可以这样做：

```
spam = tk.Label(fenster, text="Eggs", bg='#ff0000', fg='#0000ff')
```

在这种情况下，背景色是红色，前景色是蓝色，即这里的文本。

好的，
现在我会操作了！

【艰巨的任务】

在一个250×100的窗口中，显示三个元素：文本“Hallo Welt”在grid中的位置为1.1，文本“Hier”在grid中的位置为2.2，文本“Schrödinger”在grid中的位置为3.3。每个元素都应当有一个背景色和前景色。

看起来是这样的：

```
import tkinter as tk*1
fenster = tk.Tk()
fenster.geometry("250x100")
fenster.title("Schrödingers Fenster")*2
```

*1 这里必须调用tkinter。

*2 这里建立窗口。

现在设置不同颜色的文本：

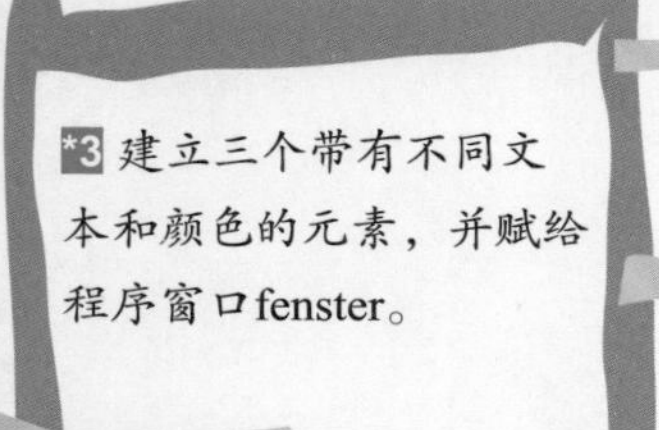

```
element1*3 = tk.Label(fenster, text="Hallo Welt!",
                      bg='#ff0000', fg='#0000ff')
element1.grid(row=1, column=1)*4
element2*3 = tk.Label(fenster, text="Hier",
                      bg='lavender', fg='#000000')
element2.grid(row=2, column=2)*4
element3*3 = tk.Label(fenster, text="Schrödinger!",
                      bg='yellow', fg='#009595')
element3.grid(row=3, column=3)*4
tk.mainloop()
```

*3 建立三个带有不同文本和颜色的元素，并赋给程序窗口fenster。

*4 别忘了，接下来是在grid（即布局管理器）中进行定位。

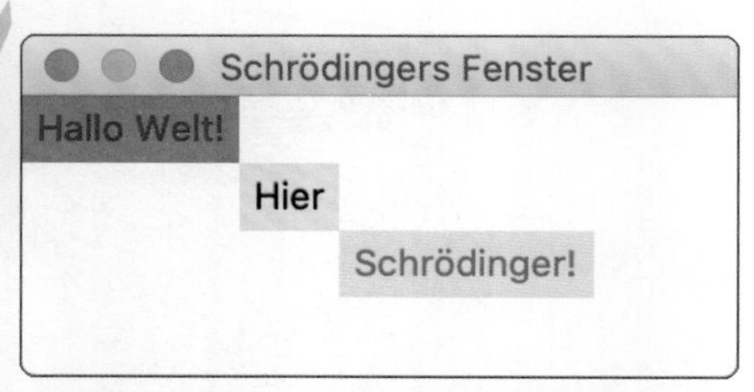

三个带有“时髦”颜色的元素通过颜色很容易进行定位。

如果让程序这样运行，则可以看见管理程序是如何通过命令依次排列现有元素的。这些元素只占据它们所需要的空间。它们根据命令依次在方法grid()中排列。

虽然存在大量空白，但是现有的元素直接并列在一起。如果用row=2和column=2命令删除第二个元素，那么剩余的元素继续缩进。在你的用户界面尝试删除第二个元素。

【简单的任务】
设置一个按钮，用它删除第二个元素。

可以这样设置一个按钮：

*1 这个需要的元素或方法为Button()，产生一个可以单击的按钮。

*2 这里也应显示程序窗口。

```
spam = tk.Button*1(eggs*2, text="OK"*3, command=dummy*4)
```

*3 和文本一样，应当在按钮上显示。

*4 这里指明了如果按钮被单击，应该发生什么。

只单击按钮不会删除任何内容，也不会执行任何操作——你必须先用command进行指定。这里可以称为函数或方法——没有括号。可以用方法destroy()删除用户界面的一个元素：

```
ein_element.destroy()*1
fenster.destroy()*2
```

*1 这里一个名为ein_element的元素被删除。

*2 这里整个程序窗口被关闭。

command看起来就是这样，总是不带括号：

```
spam = tk.Button(eggs, text="OK", command=ein_element.destroy)
```

让我操作一下，
我可以完成！

窗口的命令和文本元素没有改变，因此对按钮来说，只是多了一个命令行：

*2 按钮的文本应当适配，如“Löschen（删除）”。

*3 这里调用方法destroy()删除元素——没有括号。

```
button = tk.Button*1(fenster, text="Löschen"*2,
                     command=element2.destroy*3)
button.grid(row=4, column=2)*4
fenster.mainloop()
```

*4 即使是“杀手”按钮，也必须通过布局管理器在窗口中定位。

按钮之战 按钮战争

现在与“杀手”按钮进行！

甚至更疯狂！

Schrödingers Fenster

Hallo Welt!

Hier

Schrödinger!

Löschen

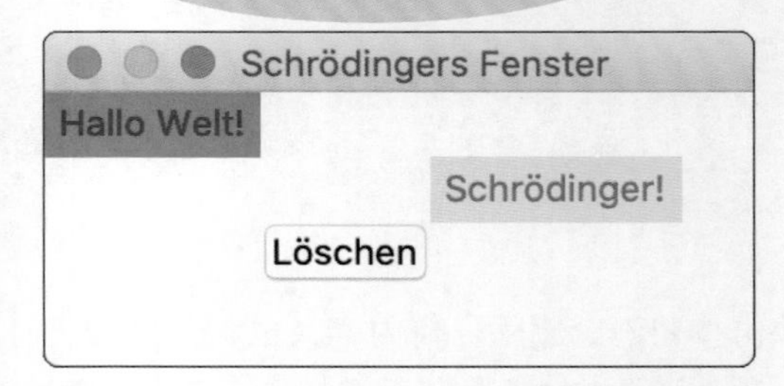

一个是初始状态的窗口，一个是单击Löschen（删除）按钮后的窗口。

你看，你可以设置一个按钮，并且和某一操作建立连接。元素的删除只是众多方法中的一种。在大多数情况下，调用一个函数就能实现改动。例如执行运算后，用户界面中的一个元素就会发生改变。你可以尝试一下。

你肯定已经发现，一个元素的消失导致定位全部发生变化。你指定的网栅和元素的定位并不是固定不变的。实际上空行或空列同时形成。在我们的案例中，带有文本“Hier”的标签元素所在的行消失了，但是列并没有改变，因为列中还有一个按钮Löschen。

你看：

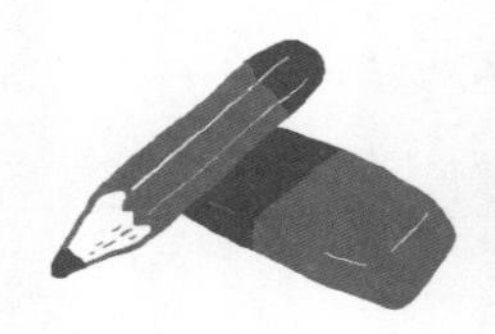

【笔记】
网栅在布局管理器grid中是现有元素的相对定位。

用更美观的元素进行装饰

你不只是可以改变颜色和文本。还有很多方法可以影响元素的外观。

并且：你不仅可以在创建元素时调整外观，还可以在之后进行调整。你只需要调用各个参数作为对象的键，即Key，然后对值进行传递。你也可以这样编写标签element1，并添加一个新元素以增加间距：

*1 正常设置标签，将窗口作为参数传递是不错的选择。

*2 之前在声明中的参数，这里显示为键，因此必须作为字符串写在双引号中。

```
element1 = tk.Label(fenster)*1
element1['text'*2] = "Hallo Welt!"*3
element1['bg'] = '#FF0000'
element1['fg'] = '#0000ff'
element1['padx']*4 = 30
element1['pady']*5 = 10
element1.grid(row=1, column=1, padx=50, pady=20)*6
```

*3 还缺少对目标值的赋值。

*4 赋一个新的参数：借助padx在*X*轴的左右侧添加边距。

*6 用padx和pady添加的边距当然可以在grid中显示——元素element1和其他所有元素都形成了间隔。

*5 同样，借助pady在*Y*轴的上下侧添加边距。

可以为所有参数选择性地进行单独的执行和赋值，和例子中一样。也可以和之前一样在声明时指定值。

结果显而易见。带有“Hallo Welt！”的标签更大，红色边框更宽，与边缘和相邻标签“Hier”的距离也越大。

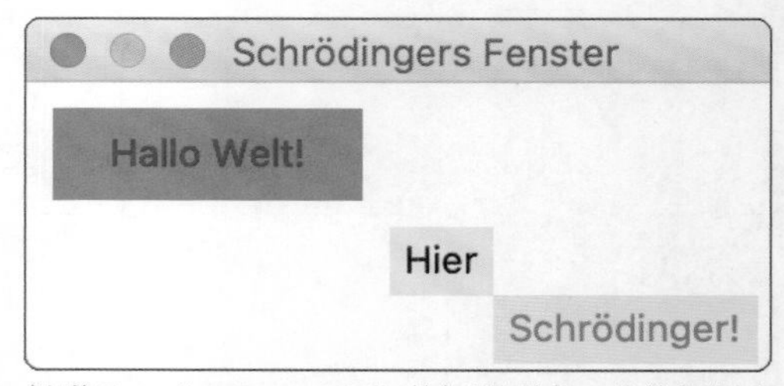

很明显，“Hallo Welt！”的间距更大。此按钮因为空间限制被覆盖了。

当然，直接访问标签或按钮的参数并赋值不仅是为了美观。例如，你可以随时对用户界面的外观进行修改，如响应一个被单击的按钮。

想象一下，你想通过单击按钮的方式切换标签的背景色。那么只需要一个函数，可以随机产生一种颜色并赋给目标元素。每单击一次按钮就调用该函数：

```
import random
import tkinter as tk
def zufalls_farbe():*1
    farbe = '#'*2
    for i in range(6):
        farbe = farbe + random.choice('0123456789ABCDEF')*3
    element['bg'] = farbe*4

fenster = tk.Tk()
element = tk.Label(fenster, text="Hallo Schrödinger!", padx=30)
element.grid(row=1, column=1, padx=9, pady=9)
button = tk.Button(fenster, text="Ändere Farbe",
                   command=zufalls_farbe*5)
button.grid(row=2, column=1)
tk.mainloop()
```

*1 这是实现颜色切换的函数。

*2 新的颜色以字符串的形式从十六进制的颜色值“#”开始。

*3 从指定字符串中依次提取6个符号，添加在字符串farbe中。

*4 字符串作为新的颜色值被赋给元素作为背景色。

*5 只需在单击按钮时调用函数即可。

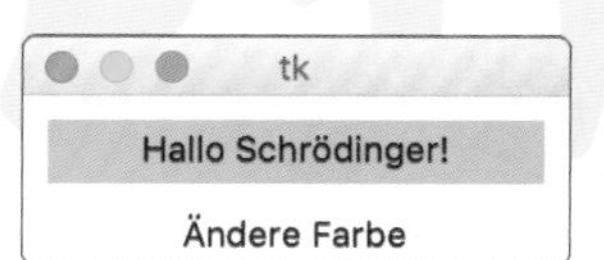

每次单击都会更改一个属性，这里是背景色。

在我们的案例中，也可以通过单击修改间距、按钮的文本或者标签的文本。所有操作都可能实现。

如果我想在command里再传递一个参数，该怎么做呢？

这也可以实现。甚至非常简单，确切地说借助Lambda！

Lambda？！？

关于Lambda——不仅适用于GUI

Lambda有一种功能，来源于功能性的编程。它并不限于图形界面，也可以在command中很好地实现。在command中不允许指定参数，但可以指定一个对外界而言自成一体的结构，如Lambda。这个Lambda结构产生一种所谓的匿名函数。从名字可以猜出，这是一种没有名称的函数，可以被立即执行。这一结构本身可以带有任意多的参数，执行一个表达式，并将表达式的值作为返回值返回。

兰巴达舞不起作用：LAMBADA（名称与Lambda很像）

事实上Lambda是这样操作的：

*2 这里Lambda开始：执行匿名函数，计算返回值，之后匿名函数便消失了。

*1这只是任意一个值。

*3 在外面的圆括号中，值可以被传递给匿名函数。

```
wert = 10*1
print((lambda x*4:*5 x * 4 + 2*6)(wert)*3)*2
```

*4这里必须作为参数重现。

*5 冒号和关键字lambda清楚地表明，第一个圆括号中的内容是函数结构。

*6在冒号后面，你会发现实际的计算。也可以使用冒号前面的值。

*7 和这里一样，Lambda传递一个返回值。值42如魔法一般又出现了。

没错，没错，42。

不过Lambda已经够出色啦！

实际上，也可以将这样一个Lambda函数赋给一个变量。不过这样它就不再是匿名函数了：

*3 将我们的Lambda结构赋给一个变量，这是为了更加长久地操作。

*1 这里再次指定在后面的公式中可以使用的参数，多个参数用冒号隔开。

*2 在冒号后还有一个公式，或者说计算。

```
spam*3 = lambda x,y*1: x * y +2*2
print(spam(4,10)*4)
```

*4 这里是通过传递需要的参数进行的调用。

*5 Lambda结构总是传递一个返回值，这里是随机的42。

如你所见，在这种情况下，Lambda结构与函数没有太大的不同。

这样一个匿名函数，即Lambda结构，给人的第一印象有些困惑，主要因为它和普通的函数很相似。但是匿名函数的优点在于，它们可以在使用的位置进行定义。相对于普通的函数在其他位置被定义，匿名函数在简短的操作中显得更加清晰。

带参数的按钮——因为Lambda变得简单

我们来看一个实际的例子：一个标签根据单击的按钮，每次显示一段不同的文本。单击Button 1，应该显示Hallo Welt；单击Button 2，应该显示Hallo Schrödinger。

你会发现用Lambda很容易就能实现——所有调用只需要一个函数。

首先调用tkinter，然后创建一个窗口作为底层：

```
import tkinter as tk
fenster = tk.Tk()
fenster.title("Wechselnder Text")
```

然后还需要一个简短的函数，获取一段文本作为参数，将其集成到一个文本模板中，然后赋给一个标签。这就是我们马上通过Lambda用参数调用的函数：

```
def beschriftung(neuer_text):
    element['text'] = f'Hallo {neuer_text}!'
```

在函数下面是我们的标签。根据单击的按钮，对一段文本进行赋值并显示。

```
element = tk.Label(fenster, text="Hallo?"*1,
                   bg='#ccc'*3, borderwidth=10*2)
element.grid(row=1, column=1)
```

*1 只要没有单击按钮，这段文本就会一直显示。

*2 标签中borderwidth的功能相当于padx和pady的组合——对所有页面通用。如果所有页面有相同的值，则这项功能会发挥很大的作用。

*3 如果三个值都进行重复，如这里的#cccccc，那么可以将其缩写为#ccc。

现在是两个带Lambda函数的按钮，该函数对文本进行改动：

```
plus = tk.Button(fenster, text="1",
                 command=lambda: beschriftung('Welt')*1)
plus.grid(row=2, column=1)*2
minus = tk.Button(fenster, text="2",
                  command=lambda: beschriftung('Schrödinger')*1)
minus.grid(row=2, column=2)*2
tk.mainloop()
```

*1 不是调用不带括号和参数的函数，而是编写一个Lambda函数。对command来说是一个没有参数的封闭命令——这是一种函数欺骗。

*2 第二行中，两个按钮并排放在单独的列中。

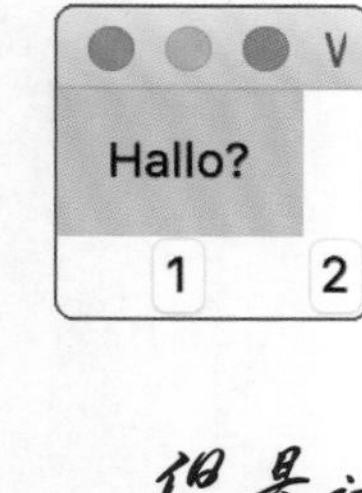

带有两个按钮的窗口看起来是这样的。

但是这样似乎不太美观！

两个按钮不能位于文本标签的下方吗？

当然可以！标签和第一个按钮位于相同的列中。只有第二个按钮位于相邻的一列中，因此不在带文本的标签下。你必须告诉grid，应该占据第二列的位置，这样第二个按钮也在文本下方。

事实上，有一个参数可以进行这一操作：columnspan！

所需的空间将通过指定字段的数量进行扩展。

在我们的案例中columnspan = 2：

```
element.grid(row=1, column=1, columnspan=2)
```

这样看起来更美观：

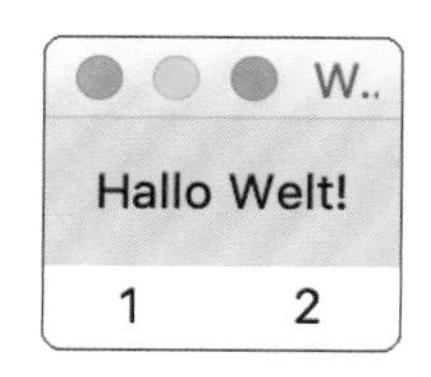

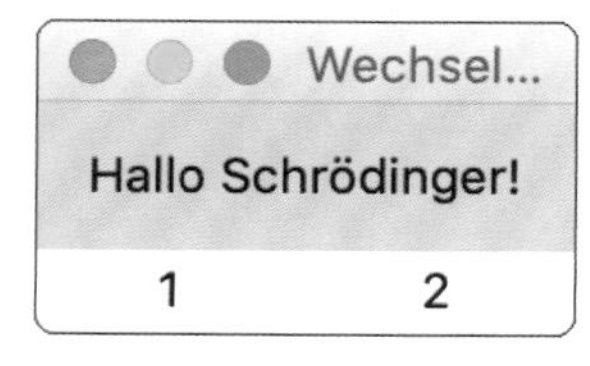

小小的columnspan，大大的效果！这样看起来效果更好。

此外，在行中这一命令是rowspan。

元素需要的空间通过相应的行数进行扩展。

你可以举个例子吗？

当然可以，看下面的图片：

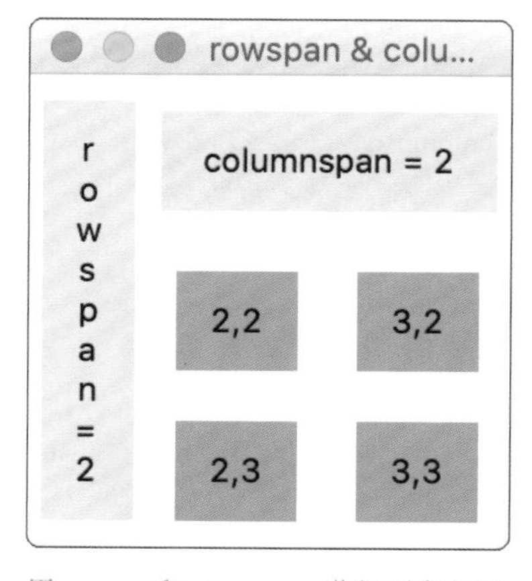

用rowspan和columnspan获得更多空间。

所有属于标签类型的元素位于3×3的网栅中。

左边是窄的文本元素，上方是宽的文本元素。通常情况下，这些超大的元素对窗口进行挤压。不过可以通过命令rowspan和columnspan扩大空间。你或许知道HTML表格。那里存在与rowspan和columnspan有可比性的技术。

代码很简单。因为篇幅限制这里进行了简化：

*1 这是第一个相当高的元素，位于最左侧。

*2 通过borderwidth，让元素的所有边都变厚些——单纯在外观上。

*3 为了使文本真正换行，在每个符号后用“\n”添加换行符。

```
import tkinter as tk
fenster = tk.Tk()
fenster.title("rowspan & columnspan")
e1 = tk.Label(fenster, bg='#ddd', borderwidth=10*2,
              text="r\no\nw\ns\np\na\nn\n=\n2"*3)*1
e1.grid(row=1, column=1, padx=5, pady=10, rowspan=3*4)
e2 = tk.Label(fenster, bg='#ddd', borderwidth=10,
              text="columnspan=2")
e2.grid(row=1, column=2, padx=5, pady=5, columnspan=2*5)
f1 = tk.Label(text="2,2",bg='#999',fg='#000',borderwidth=10)
f1.grid(column=2, row=2)*6
fenster.mainloop()
```

*4 rowspan是标签的真正魔法，该列分为三行。行可以扩展。

*6 原本四个小方块标签这里只显示一个，你也可以试试其他三个。

*5 宽元素也是这样，由于columnspan，它可以在第一行和第二列之后总共扩展两列。

用Schrödinator计算和tkinter变量

表格本身非常无聊——不过在Python中，尤其在tkinter中正好相反。

为此，我们想对Schrödinator进行编程：在输入框中可以输入一个数字。输入框的类型是entry。只要单击按钮，就计算需要加多少到42。

这还不是全部。相应的输入应在标签字段中实时显示。通常情况下，这是一件相当复杂的事情。当然，Python还有一个有趣的特性：tkinter有自己的变量，类型为IntVar、StringVar、BooleanVar和DoubleVar。这些变量必须单独声明：

```
spam = tk.IntVar()
eggs = tk.StringVar()
```

这些变量只能通过get()方法读取，只能通过set()方法赋值。

```
der_wert = spam.get()
eggs.set(42)
```

但是这样很麻烦呀！

不一定麻烦，但确实与平常有所不同。这些变量有一个特殊的优势：每项改动立即生效，并且直接作用于相关元素。如果将带有参数textvariable的变量赋给一个标签元素，那么一旦变量的值通过set()方法进行了改动，标签会立即实例化！

*1 这是我们的函数，用于计算Schrödinger值。通过按钮对其进行调用。

*2 通过get()方法可以从输入框中提取实际值。确切地说，从与输入框eingabe_feld相连接的变量eingabe中提取。

*3 好在：当值被读取后，输入框被设置为0。你看：通过设置空的变量，与之相连的输入框也变成空的！

```
import tkinter as tk
app = tk.Tk()

def rechne():*1
    wert = eingabe.get()*2
    berechnet = 42 - int(wert)
    eingabe.set(0)*3
    ergebnis.set(f"{wert} schrödiniert mit {berechnet}"*4)

eingabe = tk.IntVar()*5
ergebnis = tk.StringVar()*5

eingabe_feld = tk.Entry(app, textvariable=eingabe*6, width=5)
eingabe_feld.focus()
eingabe_feld.pack()
ergebnis_feld = tk.Label(app, textvariable=ergebnis*6)
ergebnis_feld.pack()
los = tk.Button(app, width=25,height=2*7,
                text="Schrödiniere",command=rechne)
los.pack()
app.mainloop()
```

*4 要计算的Schrödinger值通过set()方法被赋给变量tkinter。这一操作可以使与之相连的标签ergebnis_feld自动实例化。

*5 这里定义整个tkinter变量。

*6 如果将一个tkinter变量赋给GUI元素，那么这会建立特殊的联系——只要值发生改变，便自动进行实例化。

*7 这里用width和height指定大小。

【笔记】

虽然像距离这样的大小通常是以像素为单位的，但宽度和高度在我们的程序中是作为字符大小来测量的。因此，width=25表示25个字符的宽，height=2表示两个字符的高。

已经运行了：

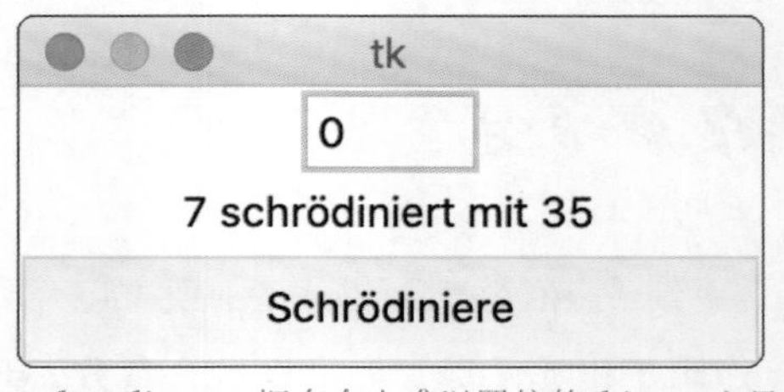

Schrödinator拥有令人难以置信的tkinter变量！

再简单讲一下漂亮的字体

你也可以改变字体。最安全的情况是，你不要指定某些特定的字体——它们在其他计算机中可能完全不能用。最好借助字体系列，即font-family进行操作。这就好比对相似的字体进行分类。系统自动从现有的字体中检索出匹配的：

- Courier表示看起来像打印机的字体。每个符号的宽度相同。
- Helvetica是无衬线字体，如Arial。
- Times是有衬线字体，带有额外的小装饰，在报纸中很常见。

这样对字体进行操作：

```
import tkinter.font as font*1

computer_style = font.Font(family="Courier"*2, size=22,*3
                           weight=font.BOLD*4,
                           underline=1*5)
```

*1 从tkinter中调用font。

*2 通过函数Font()从字体合集中设置字体。这里是Courier。

*3 还可以进行其他说明，如大小……

*4 ……以及文本应当加粗还是用NORMAL设置成常规形式。

*5 这里输入值1加下划线。

然后（在一个现有的程序中）只需要一个文本。对一个带文本的标签进行赋值：

```
element = tk.Label(fenster, text="Hallo Welt!")
element['font'] = computer_style
```

当然，也可以在圆括号的声明中进行赋值。

面向对象窗口中的事件

迄今为止，你已经对窗口进行了经典的程序化建立和调用。同样，也可以在类中对用户界面进行面向对象的定义，并作为对象调用。

因为我们想要进展缓慢一些，不想过度操作……

这不是正好相反？

无论如何，我们现在希望一点一点地掌握。你不仅要进行面向对象的编程，也要了解一些事件：通过单击鼠标，窗口应当准确响应，就像响应键盘输入一样。

首先，需要正常的调用。接下来，需要一个类，我们将它命名为EingabeFenster。也可以定义所使用的方法。当类实例化时，将创建窗口。在此之后，将确保窗口能够响应单击事件并通过键盘输入。

看起来是这样的：

```
import tkinter as tk
class EingabeFenster():*1

    def __init__(self):*2
        self.fenster = tk.Tk()
        self.fenster.geometry("200x100")
        self.text = tk.Label(self.fenster, text="Fenster bereit")
        self.text.grid()*3
        *4

mein_fenster = EingabeFenster()*5
print("Ende")*6
```

*1 你应该清楚，这是我们的类。

*2 如果一个对象被实例化，那么会自动调用__init__()方法。就像类的每种方法一样，不要忘了将self作为参数。

*3 到这儿为止，已经完成了建立窗口的所有操作，包括文本的标签。

*4 你肯定已经注意到，还缺少方法mainloop()，它作为最后一条命令使窗口保持运行。因为还要在窗口中建立其他元素，所以可以在所有元素都完成后再调用它们！

*5 这里对类进行实例化，我们创建一个对象。

*6 只有当窗口关闭时，才进行输出。

重要的还有，将定义的所有窗口对象添加给你的类——用self进行声明非常简单。

虽然还没有进行很多操作，你也可以执行一下这个程序，看它是否正常运行！一个带有文本的窗口会被建立。因为缺少方法mainloop()，所以程序会立刻终止，从命令行输出Ende就能看出。

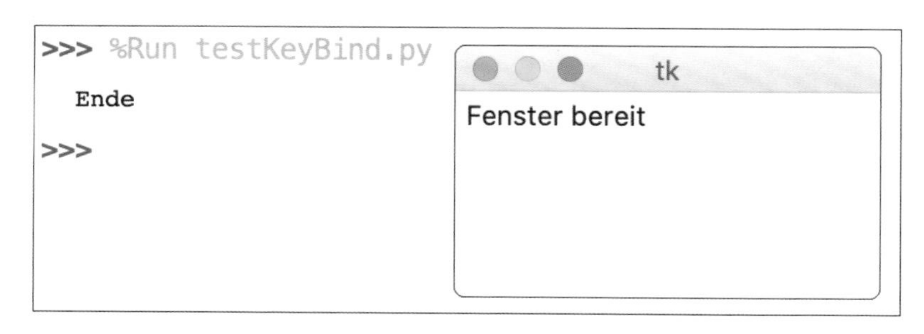

窗口还在这里，但是程序已经结束了！

用一个可调用的方法对类进行补充，从中可以随时调用方法**mainloop()**：

*1这里是我们的新方法。

*2在实例化后立即就能调用。

```
def starte_fenster(self):*1
    self.fenster.mainloop()

mein_fenster = EingabeFenster()
mein_fenster.starte_fenster()*2
print("Ende")
```

顺便说一句，在自己的方法中调用方法mainloop()不会产生影响。重要的是，在调用窗口的所有其他功能之后调用mainloop()方法。

现在重新调用该程序，打开窗口。只有当你关闭窗口时，命令行中才输出Ende：窗口作为程序正常运行，并且在窗口循环中保持激活状态——方法mainloop()也是这样。现在还缺少窗口应当响应的事件：单击和输入。

对此你可以将Tk组件中现有的特定事件绑定到调用上（如函数调用或者方法调用）。

简单得让人难以置信！

*1 这里对一个普通的方法进行定义。

```
def erlaube_tastatur_eingabe(self):*1
    self.fenster.bind*2('<Key>'*3, self.callback)
```

*2 用于绑定事件和操作的方法称为bind。它需要将事件作为参数和操作，这里是调用一个名为callback的方法——也没有参数和圆括号。

*3 这里指定时间。<Key>是指按任意键。一个指定的键（或许是A或者7）可以用<A>或者<7>进行连接。Return——也就是Enter键为<Return>。

【便笺】
这样一种方法经常和名为callback的操作联系起来。事实上这个名称可以是任意的。你可以从与单击鼠标相连接的第二个方法上看出。

当然，现在需要一个合适的方法，然后调用它。我们使用现有的标签来指示按下了哪个按钮。我们想退出程序，或者更确切地说，当按下x键时关闭窗口。

*1 结果自动传递给被方法bind()调用的函数。名称可以随机选择，event就很合适。

```
def callback(self, event*1):
    self.text["text"] = f"Gedrückt wurde {event.keysym}"*2
    if event.keysym == 'x':
        self.fenster.destroy()*3
```

*2 这里将一段文本和按下的键传递给标签text，从而产生输出。

*3 当按下x键时，窗口关闭。

【便笺】
如果窗口关闭，则表明方法mainloop()终止，这时剩下的程序才会继续执行。

也可以输出被传递到函数的事件event。它是一个带有多个属性的对象。看起来这样：一个用于s键，一个用于Return键。

```
<KeyPress event keysym=s keycode=115 char='s' x=-49 y=-50>
<KeyPress event keysym=Return keycode=2359309 char='\r' x=-49 y=-50>
```

有趣的是这里的keysym和char。
这种情况下显示的坐标没有意义。

现在我们还想对单击鼠标做出响应。
这个操作也很简短：

*1 左边的鼠标键，即<Button-1>，通过方法bind()和方法click-ereignis连接起来。

*2 就是这里规定的。

```
def erlaube_klick(self):
    self.fenster.bind("<Button-1>"*1, self.click_ereignis*2)
```

*3 和时间相连接的方法可以是任意的名称。

*4 这里将一段带坐标的文本赋给我们的标签。

```
def click_ereignis(self, event):*3
    self.text["text"] = f"Position {event.x} - {event.y}"*4
```

带有所有必要方法的类已经完成了！
剩下的就是对类或者对象进行全面的调用：

*1 没错，这里也已经有了：我们的对象从类中被实例化。

```
mein_fenster = EingabeFenster()*1
mein_fenster.erlaube_tastatur_eingabe()*2
mein_fenster.erlaube_klick()*2
mein_fenster.starte_fenster()*3
print("Ende")*4
```

*2 这里的两个方法将键盘输入和单击鼠标绑定到事件上。

*4 只有当窗口关闭时，print()函数才被执行。

*3 在最后一个方法中，用mainloop()方法激活窗口。

当然，编写面向对象的类，需要的代码更长。优点呢？你可以随时对类进行扩展，也可以只使用其中的某一部分。例如，你不想查询键盘，那么就不需要调用方法erlaube_tastatur_eingabe()。相反，如果你只需要键盘输入，那么就不需要调用方法erlaube_klick()！

当然，还有一些用于鼠标的事件：

- **<B1-Motion>**被触发，当你单击鼠标左键并移动鼠标时。这一功能很有帮助，例如你想要写一个可以用来绘图的程序。
- **<ButtonRelease-1>**被触发，当松开鼠标左键时。
- **<Double-Button-1>**对双击做出响应。
- **<Enter>**指的不是**Enter**键，而是指鼠标光标在窗口移动的事件。
- **<Leave>**对鼠标光标离开窗口做出响应。

鼠标，

图形界面，

事件？！

难道

我不能在这里绘图吗？

当然可以。就像有按钮或者标签一样，还有一个元素可以用作画布：Canvas。

在一个窗口中设置一张画布：

*1 当然，画布并不一定是窗口中的唯一元素。这里还有一个带文本的标签。

```
import tkinter as tk
fenster = tk.Tk()
text = tk.Label(fenster, text="Leonardo da Schrödinger")*1
text.grid()*1
leinwand = tk.Canvas(fenster, bg="snow3", width=350, height=220)*2
leinwand.grid()
```

*2 我们的画布作为元素看起来非常熟悉：窗口作为参数、背景色和大小被传递。

这里是画布——为艺术留下空间和机会！

截止到这里当然还只是第一部分。现在该绘制一些元素了。

```
leinwand.create_arc(20, 20, 200, 200 , start=25, extent=300, fill="yellow")
```

这是一条弧线，表示一种饼状图。前两个数字表示元素左上角的坐标，后两个数字表示元素右下角的坐标。start和extent一起用于确定它是否为一个整圆，饼状图从哪里开始，有多大。

【便笺】
在画布Canvas左上第一个位置表示坐标（0, 0）。它表示*X*轴的第一个值，*Y*轴的第二个值。在案例中，最后一个位置右下方的坐标为（350, 220）。

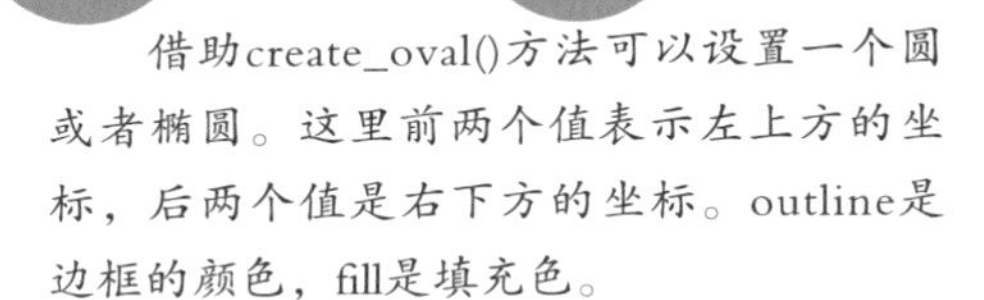

借助create_oval()方法可以设置一个圆或者椭圆。这里前两个值表示左上方的坐标，后两个值是右下方的坐标。outline是边框的颜色，fill是填充色。

```
leinwand.create_oval(90,65,120,95, outline="green", fill="black")
```

```
leinwand.create_rectangle(200,90,250,140, fill="red")
leinwand.create_rectangle(280,90,330,140, fill="red")
```

这里有两个矩形。在这种情况下是两个正方形。

```
leinwand.create_line(10, 210, 340, 210, fill="blue")
```

最后但并非最不重要的是：一条简单的蓝色线条。

由于所有元素都在画布上，所以不再需要通过布局管理器进行布局。这已经在画布上完成了。你也不需要mainloop()方法，因为绘图是立即进行的，没有进一步的操作。

我们的艺术作品看起来就是这样的：

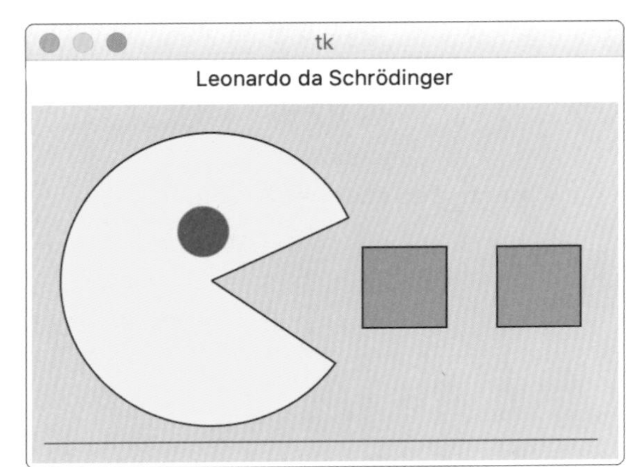

一个真正的薛定谔：
吃豆人！

薛定谔绘画程序

还有最后一项任务。

确切地说，编写一个简单的绘画程序。

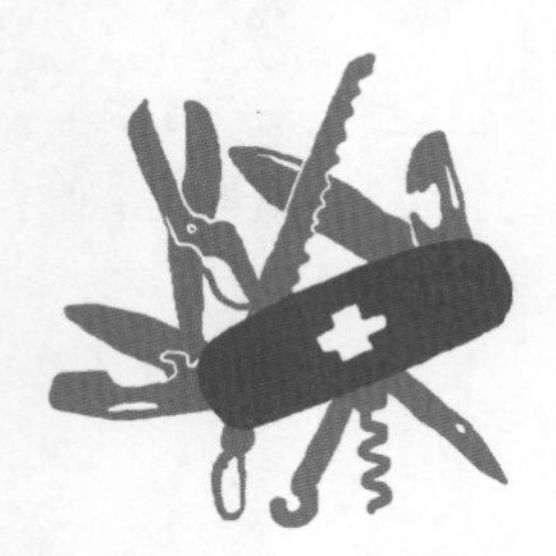

【艰巨的任务】

编写一个类用于设置画布。当单击鼠标左键时，在画布上进行绘制。如果单击鼠标右键，则从原点出发绘制一条到实际位置的线。

为了简化操作，使用带有一些占位符的类：

```
import tkinter as tk
class Zeichner():
    def __init__(self):
        self.fenster = tk.Tk()
        self.leinwand = tk.Canvas(self.fenster, bg="snow3",
                        width=350, height=200)
        self.leinwand.grid()
        #用bind绑定鼠标操作*1
        self.fenster.mainloop()

    def zeichne(self, event):
        #要绘制一个点*2
        pass
    def zeichne_linien(self, event):
        #从原点画一条线*3
        pass
mein_fenster = Zeichner()
```

现在对占位符进行填充！

然后我们打算……

```
                    #用bind绑定鼠标操作*1
    self.fenster.bind("<B1-Motion>", self.zeichne)
    self.fenster.bind("<Button-2 >", self.zeichne_linien)
```

*1这里将“单击鼠标并移动”和相应的方法连接，1表示鼠标左键，2表示鼠标右键（通过鼠标或者触摸板）。

```
def zeichne(self, event):
                              #要绘制一个点*2
    self.leinwand.create_oval(event.x, event.y,
        event.x+2, event.y+2, fill="black")
```

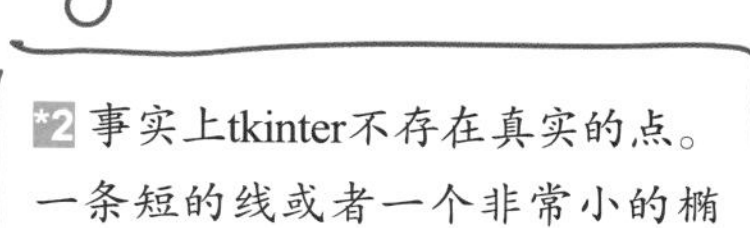

现在是时候单击（**Click**）了！

```
def zeichne_linien(self, event):
                              #从原点画一条线*3
    koordinaten = 0, 0, event.x, event.y*4
    self.leinwand.create_line(koordinaten, fill="blue")
```

*3如果在画布上单击鼠标右键，则从原点（左上角）到这个点绘制一条线。

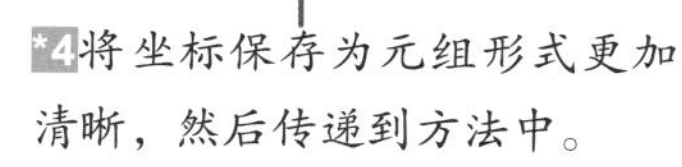

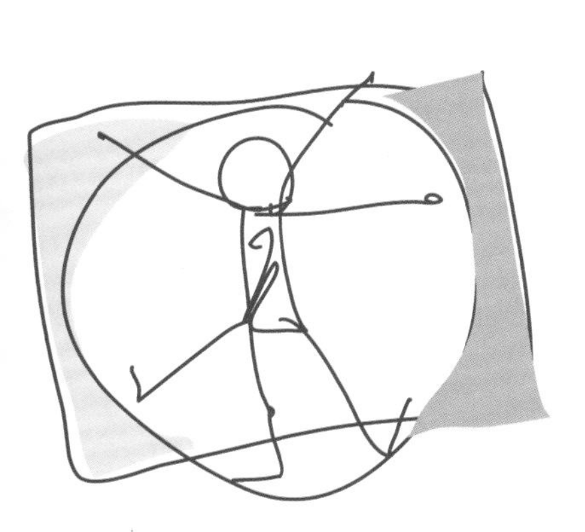

当然你还成不了达·芬奇，但是对于第一次绘画来说这已经不错了。

你学到了什么？我们做了些什么？

让我们做个简短的总结：

借助GUI，一种图形界面，比之前严格的命令行操作起来更加简便。

借助模块tkinter建立一个简单的窗口，并为其指定任意的内容。多亏了Python你才不需要考虑在哪台计算机（或者操作系统）上运行程序。

你可以通过参数给每个元素提供尺寸、颜色或者间距。

借助布局管理器将这些元素呈现在一个或多个窗口中，同时可以指定所有元素。

可以将指定的时间和按钮连接，从而执行操作，确切地说，执行函数或方法。借助Lambda甚至可以将参数传递至具体的操作。

你编写了Schrödinator，同时也认识了特殊的tkinter变量。

当然，也可以通过窗口进行面向对象的操作。